本書で使用する主な記号

a, b	ファンデルワールス定数
aq	水溶液
c	モル濃度
C	積分定数
C_V	定積モル熱容量
C_P	定圧モル熱容量
E	結合エネルギー, 起電力
F	ファラデー定数
g	気体
G	ギブズエネルギー
$\Delta_f G°$	標準生成ギブズエネルギー
H	エンタルピー
$\Delta_f H°$	標準生成エンタルピー
i	ファントホッフ係数
k	比例定数, 速度定数
k_B	ボルツマン定数
K	平衡定数
l	液体
m	1個の分子の質量, 質量モル濃度
M	モル質量
n	物質量
n_i	化学方程式における物質 i の化学量論係数
N	単位体積中の分子数
N_A	アボガドロ数
p_i	気体 i の分圧
P	圧力, 全圧
q	熱
R	気体定数
s	固体
S	エントロピー
t	温度
T	絶対温度
U	内部エネルギー
v	速度
V	体積
w	仕事, 質量百分率
x	モル分率, 反応進行度
ΔX	X の増加
Z	圧縮因子
α	解離度, 電離度
Λ	モル伝導度

ベーシック化学シリーズ 3
大木道則［編集］

入門 化学熱力学

松永義夫［著］

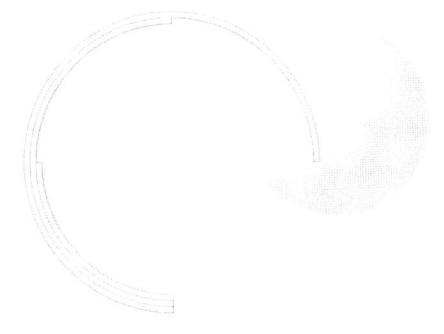

朝倉書店

〈ベーシック化学シリーズ〉
編集に当たって

　近年，大学入学生の多様化が話題になっている．高等学校における学習指導要領の中で，大幅な選択制が導入され，理科でいえば，2科目5単位で高等学校を卒業できることになったからである．その上，少子化現象のために，現在では，大学に入ろうと希望しさえすれば，どこかの大学には必ず入れるという状況になっている．

　その結果，化学の単位を習得しなくても高等学校を卒業できることとなった．そして，そのような学生でも，大学の理工系の学科に入学することが可能になったのである．生物系の学科では化学を知らない学生が増え，化学系では物理を知らない学生が増えている．そして，全員入学という状況から生まれる結果として，化学を高等学校でやらなかった化学科の学生も珍しくなく，高等学校の化学をやってきても，実はそのほとんどを忘れてしまっているという学生も増えている．そこでこれらの学生諸君に，高等学校理科の補習授業を課す大学も増えている．

　大学化学入門と呼ばれる教科書は決して少なくないが，このような状況に対応できる教科書はほとんどなく，大部分は旧来の講義型の教科書となっている，というのがわれわれの見解である．われわれは，このような状況下での大学教科書のあり方について検討したが，対応策としては，高等学校の化学の内容を大学の目でみた教科書を提供し，大学化学へのつながりをよくすることが必要との結論に達した．このようにして編集されたのが，本シリーズの教科書である．テーマとしては「無機化学」，「有機化学」，「化学熱力学」，「量子化学」を選んだ．

　著者によっていくらか考え方に差があるのをあえて統一はしなかったが，高等学校の学習指導要領に示されている内容を，大学の目でみて，新入の大学生にどのようにすれば化学の基礎をわかってもらえるかを考えて，著作・編集をしたのが本シリーズである．これで大学の化学は全部というのでなく，これから授業される大学の化学によりよく取り組むことができ，よく理解していくことを念頭に置いて執筆されている．

　本シリーズは，高等学校で化学を十分に学んだとはいえない学生に役立つ教科書であるばかりでなく，大学の専門講義を難しいと感じる学生諸君の自習用教科書としても大いに役立つことであろう．高等学校で学習した内容が，こんなことだったのかと

理解できるようになれば，今後の化学の学習にも意欲が湧いてくるに違いない．せっかく大学に入ったのに，基礎ができていなくて大学時代を結局無駄に過ごしてしまったといったことにならないよう，本シリーズの教科書をご活用いただきたいものである．

　現在の日本の大学の問題点をいくらかでも緩和できること，大学の授業に興味をもつ学生が増えること，そしてその結果，より多くの有能な人材育成に貢献できることを，われわれ著者一同は期待している．

2001年春

シリーズ編集者　大　木　道　則

まえがき

　高校では単に化学として学習したものが，大学に入学すると，無機化学，有機化学，物理化学の名の下に教育される．このうち，高校の教科書の無機化合物の章が大学の無機化学に，有機化合物の章が有機化学につながることは明らかであるが，新しく加わった物理化学の名称は，なじみがうすく，戸惑うかも知れない．そして，その存在が，あるいはその名称が大学で習う化学は高校で習った物理のようだとの感想をもたらす大きな理由であろう．しかし，大学で物理化学として習う内容は，すでに高校の教科書で，化学結合，物質の状態，化学反応と熱，反応の速さと平衡などとして取り上げられており，話題として新しいわけではない．高校の教科書で無機化合物，有機化合物に先立って，これらの話題を取り上げていることは，物理化学が広く化学の基礎知識として重要であって，無機化学，有機化学の学習に欠くことはできないことを意味する．

　本書で取り扱う化学熱力学もまた，この物理化学の一分野である．特に，われわれの感覚で観察される反応熱，その温度や圧力との関係，化学平衡，溶液の性質，電解質，電池の起電力など，身近なことを話題とする．今回のシリーズの趣旨によって，高校で習う化学の知識とのつながりに注意を払い，高校の教科書での扱いに触れた後，大学での取り扱いを述べるように努めた．このため，小冊子の割には，話題がやや広く設定される結果となったが，無機化学，有機化学との関わりは詳しく解説されたものと思う．

　ここで扱う課題は，極めて多数の原子や分子が集団として示す巨視的と呼ばれる性質であって，種々の形のエネルギーを取り扱う熱力学がその基礎となっている．しかし，本書は物理学の分野にある熱力学をやさしく紹介することを意図するものではない．化学への応用を念頭において，それに必要なだけの熱力学を説明した後，これを反応を中心とする化学の問題にいかに結び付ける

か，いかに活用するかを，簡潔に解説することを目的としている．本文中の式の導出に惑わされないため，各章の終わりには"まとめ"を設けて，活用すべき熱力学ないし化学熱力学の式を明示するようにした．これらの少数の式をいかに活用するかを，読者が会得することが大切であるから，例題，章末問題は，単に解くだけではなく，自ら考える場となるよう試みてある．

　高校の教育では単なるお話しとして習ったものを，エンタルピー，エントロピー，ギブズエネルギーの変化，平衡定数など，数値として取り扱うのが化学熱力学であるから，計算問題に習熟することが肝要である．章末問題と取り組むには，加減乗除計算，分数計算，定数計算はもとより，対数関数計算，指数関数計算，回帰計算を必要とする．それらの機能を備えた関数電卓を用意して，これを使いこなすよう努められたい．

　本書は化学熱力学の概要をつかむための入門書の域をでない．巻末に示した参考書で取り扱われている化学ポテンシャルや活量の概念は導入されていないし，偏導関数の扱いも最小限に止めてある．本書を学習した後に，これらの参考書に進まれることを薦める．

　本シリーズの編集を企画された大木道則東京大学名誉教授には，本書の原稿を詳細にわたって査読され，多くの改善策をご助言頂いたことを深く感謝する．また，刊行に当たって大変お世話になった朝倉書店編集部の方々に厚くお礼を申し上げる．

　2001 年 8 月

松　永　義　夫

目　　次

1. は　じ　め　に……………………………………………………… 1
   1.1　アボガドロの法則　1
   1.2　分子と分子式　2
   1.3　物　質　量　2
   1.4　化学方程式　3
   1.5　溶液の濃度　5
   1.6　モ ル 分 率　6
   1.7　物理量と単位　7
   1.8　計算問題を解くに当たっての一般的注意　8

2. 気 体 の 性 質 ……………………………………………………… 10
   2.1　ボイルの法則　10
   2.2　シャルルの法則　11
   2.3　ボイル‐シャルルの法則　13
   2.4　気体の状態方程式　13
   2.5　気体分子運動論　14
   2.6　混 合 気 体　19
   2.7　理想気体と実在気体　20

3. 反応熱と反応条件 ………………………………………………… 22
   3.1　発熱反応と吸熱反応　22
   3.2　熱化学方程式　23
   3.3　ヘスの法則　24
   3.4　系 と 外 界　26

3.5 熱と仕事　27
 3.6 状態量　27
 3.7 示量性と示強性　28
 3.8 状態量の変化　28
 3.9 体積変化と仕事　29
 3.10 内部エネルギー　30
 3.11 熱力学の第一法則　30
 3.12 エンタルピー　31
 3.13 内部エネルギー変化とエンタルピー変化の関係　32

4. 標準生成エンタルピー　35
 4.1 標準生成エンタルピーの定義　35
 4.2 燃焼熱　36
 4.3 結合エネルギー　38
 4.4 エンタルピー変化と温度の関係　42
 4.5 モル熱容量　43
 4.6 理想気体の等温膨張　44

5. 自発変化とエントロピー　47
 5.1 自発変化と熱力学の第二法則　47
 5.2 第二法則とエントロピー　48
 5.3 エントロピーの増加　48
 5.4 気体の混合とエントロピー　50
 5.5 熱力学の第三法則　52
 5.6 標準エントロピー　52
 5.7 乱雑さの目安　54

6. ギブズエネルギー　57
 6.1 ギブズエネルギーと第二法則　57
 6.2 化学反応とギブズエネルギー変化　59

6.3 ギブズエネルギーと温度および圧力の関係　60

7. 気相反応の化学平衡 …………………………………………… 66
7.1 可逆反応と化学平衡　66
7.2 質量作用の法則　67
7.3 平衡定数の表し方　69
7.4 ギブズエネルギー変化と標準平衡定数　70
7.5 平衡定数相互の関係　73
7.6 反応進行度とギブズエネルギー　74
7.7 平衡移動の法則（1）――温度の影響　77
7.8 平衡移動の法則（2）――圧力の影響　79

8. 物質の三態間の変化 ……………………………………………… 83
8.1 物質の三態と熱運動　83
8.2 相転移とギブズエネルギー　84
8.3 蒸気圧の温度変化　85
8.4 一成分系の状態図　87
8.5 多　　形　89
8.6 気体の液化　90
8.7 ファンデルワールスの式　92

9. 溶液の性質 ………………………………………………………… 97
9.1 蒸気圧降下　97
9.2 沸点上昇　99
9.3 凝固点降下　101
9.4 理想溶液　103
9.5 気体の溶解度　105
9.6 分配平衡　108
9.7 浸透圧　109

10. 電解質溶液 ……………………………………………………… 113
- 10.1 強電解質と弱電解質　113
- 10.2 標準生成エンタルピーと水和熱　115
- 10.3 溶解熱と希釈熱　117
- 10.4 中和熱　119
- 10.5 イオンの標準生成エンタルピー　120
- 10.6 電解質のモル伝導度　121
- 10.7 電離度の決定　123
- 10.8 ファントホッフ係数　124

11. 電池とギブズエネルギー ……………………………………… 128
- 11.1 金属のイオン化傾向　128
- 11.2 イオン化傾向と反応性　129
- 11.3 可逆電池　130
- 11.4 電池反応と状態量　131
- 11.5 ネルンストの式　133
- 11.6 標準電極電位　134
- 11.7 イオンの標準生成ギブズエネルギー　136
- 11.8 溶解度積とギブズエネルギー変化　137

付録．数学の知識 ……………………………………………………… 141
章末問題の略解 ………………………………………………………… 145
参　考　書 ……………………………………………………………… 149
索　　　引 ……………………………………………………………… 151

┌─ ●コラム ──────────────────────────────┐
│ 化学量論　4   │
│ 気体の法則は誰が発見したか　11   │
│ ネルンストと熱定理　52   │
│ 化学親和力　64   │
│ ボーデンシュタイン　67   │
│ ファントホッフ　79   │
│ ハーバー　79   │
│ 復氷　88   │
│ 超臨界溶媒　91   │
│ ファンデルワールス　94   │
│ ダイビングとヘンリーの法則　106   │
│ 逆浸透と海水の淡水化　109   │
│ アレニウス　114   │
│ オストワルト　123   │
│ 固体電解質　125   │
│ 現代の錬金術　129   │
│ 充電可能なリチウム電池　131   │
└──┘

1. はじめに

　参照の便宜上，本書を学習するに当たって必要な概念や注意を初めにまとめておこう．なお，学習に必要とする数学，例えば指数と対数，微積分などの説明は付録．数学の知識を参照されたい．

1.1 アボガドロの法則

　イタリアの**アボガドロ**（A. Avogadro, 1776-1856）は，気体物質を構成する最小粒子は**原子**（atom）そのものではなく，複数の原子から成り立つ**分子**（molecule）であって，「同温・同圧では，すべての気体は同体積中に同数の分子を含む」という仮説を 1811 年に提唱した．今日では**アボガドロの法則**（Avogadro's law）と呼ばれる．その理論的な裏付けは本書では 2.5 節の気体分子運動論で扱われる．

　この法則によって，フランスの**ゲーリュサック**（J. L. Gay-Lussac, 1778-1850）が 1808 年に発見した気体反応の法則，すなわち「同温・同圧の条件で，2 種以上の気体が反応して別の気体を生じるとき，それぞれの気体の体積の間には簡単な整数比が成り立つ」が容易に説明された．例えば，水素と窒素が反応してアンモニアが生じる反応では，それぞれの気体の体積の間には 3：1：2 の整数比が成り立つ．この比は水素と窒素は二原子分子，それぞれ H_2 と N_2 であり，アンモニアは水素 3 原子と窒素 1 原子からなる四原子分子 NH_3 であるとして説明される．

$$\boxed{H_2}\ \boxed{H_2}\ \boxed{H_2}\ +\ \boxed{N_2}\ \longrightarrow\ \boxed{NH_3}\ \boxed{NH_3}$$

この事実は分子量決定に重要である．同温・同圧で同体積を占める二つの気体の質量の比は，それぞれを構成する分子の質量の比，すなわち，相対分子質量の比に等しい．

1.2 分子と分子式

物質を構成する基本的粒子は原子である．しかし，気体物質を構成する最小粒子は，前節で述べたように，原子を組み合わせてできる分子である．もっとも，1個の原子のみで独立の粒子となっているものもないわけではなく，希ガスの He，Ne，Ar などはその例である．元素記号を用いて物質を表した式を**化学式**（chemical formula）という．分子を表す**分子式**（molecular formula）は化学式の一種で，その分子を構成する原子の元素記号を並べ，1分子中の原子数を元素記号の右下に書き添えたものである．分子としての単位が定められないイオン結晶，例えば塩化ナトリウムの化学式 NaCl は，各元素のもっとも簡単な整数比を表した**実験式**（empirical formula）である．

1.3 物　質　量

原子や分子は非常に小さく軽い粒子であるから，1 g あるいは 1 kg という質量中に含まれる原子や分子の数はきわめて大きい．この大きな一定数に付けられた単位が**モル**（mole）で，記号には mol を用いる．これを単位にして表した量を**物質量**（amount of substance）という．1 mol は「質量数 12 の炭素を基準にして，その 12 g の中に存在する原子の数と等しい数の原子，分子，イオン，または電子など，明確に規定された単位粒子で構成された系の物質量」として定義される．例えば酸素原子 1 mol の質量は 16.00 g，酸素分子 1 mol の質量は 32.00 g である．

純物質 1 mol 中に含まれる単位粒子の数を**アボガドロ定数**（Avogadro constant）といい，記号 N_A で表す．その値はおよそ

$$6.022 \times 10^{23} \text{ mol}^{-1}$$

である．この値は結晶の構造に関する知見，結晶の密度，相対分子質量を組み合わせて定められる．

物質 1 mol の質量は**モル質量**（molar mass）と呼ばれ，記号 M で表される．そして，モル質量の相対値が**相対分子質量**（relative molecular mass）である．これは単位をもたない無名数であって，**分子量**（molecular weight）とも呼ばれる．モル質量と分子量の数値は同じであるが，前者には kg mol^{-1} または g mol^{-1} の単位が付く．イオン結晶には，実験式によって計算された**式量**（formula weight）が，分子量の代わりに用られる．

1.4 化学方程式

化学式を用いて，**化学反応**（chemical reaction）を書き表したものを**化学方程式**（chemical equation）という．化学反応では，物質の種類は変化するが，これらを構成する原子の種類と数は変化しない．したがって，反応の前後で原子の種類と各原子の数が同じであるように，化学方程式は書かれなければならない．化学方程式は次の約束にしたがって書かれる．

(1) 化学方程式では**反応物**（reactant）の化学式を左辺に，**生成物**（product）の化学式を右辺に記す．反応の前後で変化しない溶媒や触媒などは化学方程式に書き入れない．

(2) 同じ種類の原子が左辺と右辺とで同数になるように，化学式に係数を付ける．ただし，係数が 1 のときには省略する．

例えば，水素 H_2 と酸素 O_2 が化合して，水 H_2O を生成する反応は

$$2\,H_2 + O_2 \rightarrow 2\,H_2O$$

で表される．これを一般化して，A と B が反応して，Y と Z を生成する場合には，次式を用いる．

$$a\text{A} + b\text{B} \rightarrow y\text{Y} + z\text{Z}$$

ここで，係数 a，b，y，z は**化学量論係数**（stoichiometric coefficient）と呼ばれ，反応で変化する物質量の比を表す．気体反応の体積変化，反応熱，平衡

定数などの計算は，化学方程式に基づいて行われる．そのためには，物質それぞれの化学式が正しく書かれていること，そして正しく化学量論係数が付けられていることが前提となる．化学量論係数の値は，同じ種類の原子が左辺と右辺とに同数見いだされるように操作することにより決定される．一例として

$$x\mathrm{Cu} + y\mathrm{HNO_3} \rightarrow u\mathrm{Cu(NO_3)_2} + v\mathrm{NO} + w\mathrm{H_2O}$$

の係数 x, y, u, v, w を定めてみよう．

銅の収支から　　　$x = u$
水素の収支から　　$y = 2w$
窒素の収支から　　$y = 2u + v$
酸素の収支から　　$3y = 6u + v + w$

の関係が得られる．この連立一次方程式を解くと

$$y = \frac{8x}{3}, \quad u = x, \quad v = \frac{2x}{3}, \quad w = \frac{4x}{3}$$

となる．分数にならないように，それぞれを3倍すると

$$3\,\mathrm{Cu} + 8\,\mathrm{HNO_3} \rightarrow 3\,\mathrm{Cu(NO_3)_2} + 2\,\mathrm{NO} + 4\,\mathrm{H_2O}$$

化学量論

　化学反応に関与する元素や化合物の数量的関係を化学量論という．化学反応において，反応物の全質量と生成物の全質量は等しい，化合物中の成分の質量比は一定である，二つの元素AとBが化合して，2種以上の化合物が生成するとき，各化合物中のAの一定質量に対するBの質量は簡単な整数比にあるなどの事実が見いだされた時代からの用語である．

　後に，化学結合の法則のみならず，固体，液体，気体，溶液の物理的性質と化学組成，分子構造の間の数量的関係を指すものとなった．初期の物理化学では，この意味での化学量論が化学親和力の研究に並ぶ主要課題であった．

　反応に伴う発熱あるいは吸熱の大きさは物質の状態に関係する．例えば，水素 1 mol と酸素 ½ mol が結合する場合，生成する水が液体の場合には 285.8 kJ の発熱，水蒸気すなわち気体の場合には 241.8 kJ の発熱で，その差は 44.0

kJ と大きい．このため，熱を話題とする場合には，反応物，生成物の状態を明らかにすることが肝要である．それには，化学式の後に**気体**（gas）ならば g，**液体**（liquid）ならば l，**固体**（solid）ならば s，**水溶液**（aqueous solution）ならば aq を括弧に入れて付記する．したがって，化学熱力学では

$$\mathrm{H_2(g)} + \frac{1}{2}\mathrm{O_2(g)} \longrightarrow \mathrm{H_2O(l)}$$

または

$$\mathrm{H_2(g)} + \frac{1}{2}\mathrm{O_2(g)} \longrightarrow \mathrm{H_2O(g)}$$

と書く．

1.5 溶液の濃度

　液体に他の物質が溶け込んで，均一な混合物を形成する現象を**溶解**（dissolution）といい，生じた**混合物**（mixture）を**溶液**（solution）という．このとき，他の物質を溶かす液体を**溶媒**（solvent），それに溶けている物質を**溶質**（solute）と名付ける．以下，本書では溶媒と溶質の区別をするときには，前者には A，後者には B の記号を用いる．溶質は固体物質に限らず，液体物質のことも，気体物質のこともある．

　体積 V の溶液に含まれる溶質 B の物質量が n_B であるとき

$$c_\mathrm{B} = \frac{n_\mathrm{B}}{V} \tag{1.1}$$

を**モル濃度**（molar concentration, molarity）という．その単位は SI 単位系では $\mathrm{mol\,m^{-3}}$ であるが，それでは値があまりに小さくなるため，$\mathrm{mol\,dm^{-3}}$ も用いられる．化学平衡など，いく種類もの溶質を扱う場合には，化学式それぞれを［　］に入れて，そのモル濃度の記号とする．

　一例として，98% の硫酸のモル濃度を求めてみよう．密度は $1.831\,\mathrm{g\,cm^{-3}}$ であるから，98% 硫酸 100 g の体積は，$100\,\mathrm{g}/1.831\,\mathrm{g\,cm^{-3}} = 54.61\,\mathrm{cm^3} = 0.05461\,\mathrm{dm^3}$ と計算される．次に，$\mathrm{H_2SO_4}$ のモル質量 $98.08\,\mathrm{g\,mol^{-1}}$ を用いると，98% 硫酸 100 g 中の硫酸の量 $98\,\mathrm{g}/98.08\,\mathrm{g\,mol^{-1}} = 0.9992\,\mathrm{mol}$ が得られる．したがって，モル濃度は $0.9992\,\mathrm{mol}/0.05461\,\mathrm{dm^3} = 18.3\,\mathrm{mol\,dm^{-3}}$ とな

一般的に，溶液の密度を $\rho\,\mathrm{g\,cm^{-3}}$，溶質のモル質量を $M_\mathrm{B}\,\mathrm{g\,mol^{-1}}$ とすれば，溶液 100 g の体積は $(100/\rho)\,\mathrm{cm^3}=(0.1/\rho)\,\mathrm{dm^3}$ である．溶液 100 g 中の溶質を $w_\mathrm{B}\,\mathrm{g}$（w_B は溶質の質量パーセントでもある）とすると，物質量は $w_\mathrm{B}\,\mathrm{g}/M_\mathrm{B}\,\mathrm{g\,mol^{-1}}=(w_\mathrm{B}/M_\mathrm{B})\,\mathrm{mol}$ であるから

$$c_\mathrm{B}=\frac{w_\mathrm{B}/M_\mathrm{B}}{0.1/\rho}=\frac{10w_\mathrm{B}\rho}{M_\mathrm{B}} \tag{1.2}$$

溶媒 1 kg 中に溶けている溶質 B の物質量を**質量モル濃度**（molality）といい，記号 m_B で表す．モル濃度とは異なり，温度や圧力による体積変化に無関係である．溶液の質量は $(1000+m_\mathrm{B}M_\mathrm{B})\,\mathrm{g}$，溶液の密度を $\rho\,\mathrm{g\,cm^{-3}}$ とすると，その体積は $[(1000+m_\mathrm{B}M_\mathrm{B})/\rho]\,\mathrm{cm^3}$ であるから

$$w_\mathrm{B}=\frac{100m_\mathrm{B}M_\mathrm{B}}{1000+m_\mathrm{B}M_\mathrm{B}} \tag{1.3}$$

$$c_\mathrm{B}=\frac{m_\mathrm{B}\rho}{1000+m_\mathrm{B}M_\mathrm{B}} \tag{1.4}$$

の関係が成り立つ．なお，**溶解度**（solubility）には，いろいろな表現が用いられるが，固体の溶解度は溶媒 100 g に溶解する溶質の最大質量（g）で表されることが多い．

1.6 モル分率

混合気体や溶液などの組成を表現するのに，**モル分率**（mole fraction）も重要な表現である．以下，成分を A と B の二つに限定し，それぞれの物質量を n_A, n_B とすると

$$x_\mathrm{A}=\frac{n_\mathrm{A}}{n_\mathrm{A}+n_\mathrm{B}},\quad x_\mathrm{B}=1-x_\mathrm{A}=\frac{n_\mathrm{B}}{n_\mathrm{A}+n_\mathrm{B}} \tag{1.5}$$

で物質 A，B のモル分率，それぞれ x_A と x_B が定義される．例えば，98% 硫酸 100 g 中の硫酸の量は 0.999 mol，水の量は 2/18＝0.111 mol であるから，硫酸のモル分率は 0.999/(0.999＋0.111)＝0.900，水のモル分率は 0.100 である．

物質 A，B の質量パーセント濃度を w_A, w_B，モル質量を M_A, M_B とすると

$$x_B = \frac{w_B/M_B}{w_B/M_B + w_A/M_A} \tag{1.6}$$

ただし，$w_A + w_B = 100$ の関係にある．

1.7 物理量と単位

物理量は数値と単位の積である．そして，物理量を表す記号にはイタリック体を使用する．例えば，気体の体積に記号 V を用い，その数値が $22.414\,\mathrm{dm}^3$ であるときには

$$V = 22.414\,\mathrm{dm}^3$$

または両辺を単位 dm^3 で割って

$$V/\mathrm{dm}^3 = 22.414$$

と表す．特に，物理量の数値の表をつくる際には，見出しは純粋に数となる表現，すなわち後者を採用する．

次に気体の圧力 P が $1.01 \times 10^5\,\mathrm{Pa}$ であるときには

$$P = 1.01 \times 10^5\,\mathrm{Pa}$$

または $P/10^5 \times \mathrm{Pa} = 1.01$ か $10^{-5}\,P/\mathrm{Pa} = 1.01$

表 1.1 SI 基本単位および誘導単位

物理量	名称	記号	定義
長さ	メートル	m	
質量	キログラム	kg	
時間	秒	s	
電流	アンペア	A	
温度	ケルビン	K	
物質量	モル	mol	
エネルギー	ジュール	J	$\mathrm{kg\,m^2\,s^{-2}}$
力	ニュートン	N	$\mathrm{kg\,m\,s^{-2}} = \mathrm{J\,m^{-1}}$
圧力	パスカル	Pa	$\mathrm{kg\,m^{-1}\,s^{-1}} = \mathrm{N\,m^{-2}} = \mathrm{J\,m^{-3}}$
電荷	クーロン	C	$\mathrm{A\,s}$
電圧	ボルト	V	$\mathrm{J\,A^{-1}\,s^{-1}}$

と表す．

本書では，表 1.1 にまとめた国際単位，略して **SI 単位**（SI units）を主として用いる．なお，10^3 にはキロ，10^{-1} にはデシ，10^{-2} にはセンチ，10^{-3} にはミリの接頭語が用いられる．

これまで使用されてきた非 SI 単位は，高等学校の教科書を含め，一般の書籍その他に広く見受けられるので，これらをまったく無視することはできない．本書では圧力に関する次の非 SI 単位を併用する．

$$1\,\mathrm{atm} = 101.325\,\mathrm{kPa} = 760\,\mathrm{mmHg}$$
$$1\,\mathrm{mmHg} = 133.322\,\mathrm{Pa}$$

1.8 計算問題を解くに当たっての一般的注意

(1) まずは問題を注意深く読む．
(2) もし，化学式が含まれているならば，それが何であるかを理解するとともに，その状態が気体であるか，液体であるか，固体であるか，水溶液であるかに注意を払う．
(3) 必要があれば，同じ種類の原子の収支がとれた化学方程式を書き記す．すべての化学量論係数が正しく付けられていることが肝要である．
(4) 問題のなかの数値，定数を明らかにする．25 °C は 298 K（必要ならば 298.15 K）であり，理想気体 1 mol の体積は温度 25 °C，圧力 100 kPa においては 24.8 dm^3 である．気体定数 R には 8.314 J K^{-1} mol^{-1}，ファラデー定数 F には 96500 C mol^{-1} を用いれば，通常は十分である．ただし，圧力の単位に atm を用いると，気体定数の値は異なることに注意しなければならない．
(5) 記号の意味に注意する．ΔH など物理量を表す記号の前に Δ が付されているときには，H の増加を表す．もし，増加の理由が添え字によって示されていなければ，反応，温度，圧力など，変化の理由を本文中に探す必要がある．肩に ° が付いた記号，$\Delta H°$ などは圧力 1 atm ≒ 100 kPa，そして多くの場合，温度 25 °C の値である．もし，肩に ° が付いていなけれ

ば，本文を良く読んで，圧力，温度がどのように指定されているかを探す．
(6) 単位を明らかにし，必要があれば，これを揃える．例えば，問題中に℃とKの両方が見いだされるならばKに，JとkJの両方が見いだされるならばkJに，VとmVの両方が見いだされるならばVに揃えるなど．
(7) 求めるべき数値は何かを明らかにして，使用すべき関係式を書き出す．必要とする関係式は常に一つとは限らない．
(8) 必要ならば，求める数値を計算しやすいように式を書き改め，与えられた数値を式に代入して，これを解く．
(9) 計算にあたっては，数値の取り扱い方に注意を払う．すなわち，加法，減法の計算においては，同じ位取りのところに誤差が含まれるように，最後の桁を揃えてから計算する．一般には，最も桁数の少ないものよりも1桁だけ多く計算し，最後の桁を四捨五入して，最小の桁数に揃えるのがよい．
(10) 電卓を使用して乗法，除法の計算を行った場合，モードによっては表示できる限りの桁数が示される．したがって，有効桁数を判断することが重要となる．小数点以下の桁数を指定したり，有効桁数を指定するモードを活用することも考えられる．
(11) 答を書いて，単位が適切に付けられていることを確認する．対数は無名数である．

2. 気体の性質

　物質の体積，圧力，温度の間に成り立つ関係は，一般に状態方程式と呼ばれる．特に理想気体はその状態方程式が簡単で取り扱いやすいため，化学熱力学を適用する対象として，最もよく取り上げられる．しかし，その名が示すように，この式は実在気体にとっては近似式にすぎない．

2.1　ボイルの法則

　ボイル（R. Boyle, 1627-1691）は気体の圧力と気体の体積の関係を調べ，「一定温度においては，一定量の気体の体積 V は圧力 P に逆比例する」ことを見いだした．これを**ボイルの法則**（Boyle's law）という．式を用いてこれを表すと

$$V \propto \frac{1}{P} \tag{2.1}$$

または

$$PV = 一定 \tag{2.2}$$

となる．すなわち，圧力 P_1，体積 V_1 の気体が，一定温度において，圧力 P_2，体積 V_2 になったとすると，この法則から次の関係を得る．

$$P_1 V_1 = P_2 V_2$$

　式 (2.1) の関係は，図 2.1 に示すように，直交座標の原点を通る直線によ

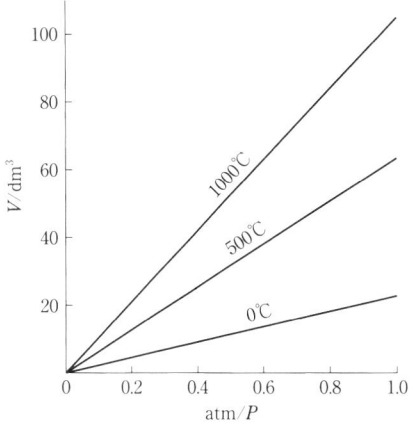
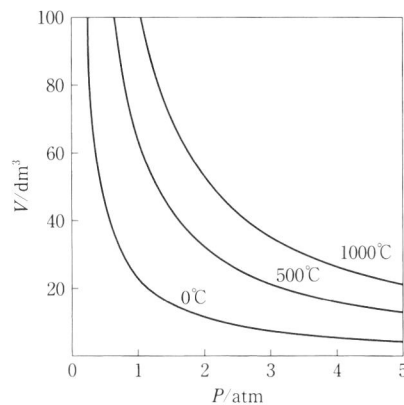

図 2.1 一定温度における 1 mol の気体の体積 V と圧力の逆数 $1/P$ の関係

図 2.2 一定温度における 1 mol の気体の体積 V と圧力 P の関係

って，式 (2.2) の関係は，図 2.2 に示すように，一連の双曲線によって表される．後者の曲線は**等温線**（isotherm）と呼ばれる．

気体の法則は誰が発見したか

ボイルの法則，シャルルの法則は，フランスではそれぞれマリオットの法則，ゲーリュサックの法則として知られている．ボイルは前者の法則の発見者とはいえないまでも，この関係を 1662 年の著書で初めて取り上げた人である．しかし，17 年遅れたマリオットの著書における記述は，より正確であり，理解しやすく，法則の普及に大きく貢献したので，フランスではその名が残った．他方，後者の法則はゲーリュサックによって 1802 年に公表され，その中でシャルルの未発表の仕事に触れていた．これが，英語でも馴染み深い綴りであるため，英国の物理学者の注目を引いて，誤った名が付けられたという．

2.2　シャルルの法則

気体の体積は圧力によってだけでなく，温度によっても変化する．**シャルル**（J. A. C. Charles, 1746–1823）は気体の温度と体積の関係を調べ，「一定圧力においては，一定量の気体の 0 °C における体積を V_0，t °C における体積を V とすると

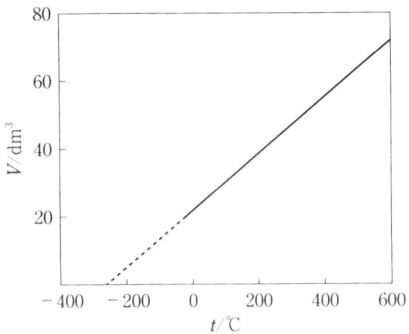

図 2.3 一定圧力における気体の温度 t と体積 V の関係

$$V = V_0(1+\alpha t) \tag{2.3}$$

が成り立つ」ことを見いだした（図2.3参照）．ここで，α は 1/273 の値をもつ．この関係式を**シャルルの法則**（Charles' law）と呼ぶ．

次式によって

$$\frac{1}{\alpha} + t = T \tag{2.4}$$

絶対温度（absolute temperature）T を導入し，式 (2.3) 全体を α で割ると

$$VT_0 = V_0 T$$

あるいは

$$\frac{V}{T} = \frac{V_0}{T_0}$$

となる．絶対温度の単位は**ケルビン**（Kelvin）といい，記号 K を用いる．$T_0 = 1/\alpha$ は 0°C に相当し，絶対温度で 273.15 K である（多くの場合，273 K を用いれば十分である）．絶対温度を用いると，シャルルの法則は「一定圧力において，一定量の気体の体積 V は絶対温度 T に比例する」と表現される．一定圧力において，温度 T_1，体積 V_1 の気体が，温度 T_2，体積 V_2 になったとすると，これらの間には，次の関係が成り立つ．

$$\frac{V_1}{T_1} = \frac{V_2}{T_2}$$

2.3 ボイル‒シャルルの法則

前記の二つの法則を組み合わせると，**ボイル‒シャルルの法則**（Boyle-Charles' law），すなわち，「一定量の気体の体積は圧力に反比例し，絶対温度に比例する」が得られる．式を用いてこれを表すと

$$\frac{PV}{T} = 一定 \tag{2.5}$$

となる．したがって，一定量の気体の絶対温度 T_1，圧力 P_1，体積 V_1 が，絶対温度 T_2，圧力 P_2，体積 V_2 になったとすると，これらの間には次の関係がある．

$$\frac{P_1 V_1}{T_1} = \frac{P_2 V_2}{T_2}$$

ただし，2.7 節で述べるように，これらの関係が実在の気体に厳密に成り立つことはない．

例題 2.1 0 ℃，1 atm において気体 1 mol は 22.414 dm³ を占める．この気体は 25 ℃，100 kPa においていくらの体積を占めるか．

［解答］ 1 atm＝101.325 kPa の関係を用いて，$V/\mathrm{dm}^3 = 22.414 \times 1.01325 \times (298.15/273.15) = 24.79$．

2.4 気体の状態方程式

気体の量を n mol とすると，アボガドロの法則によって，V は n に比例する．比例定数を R として，ボイル‒シャルルの法則は次のように表される．

$$\frac{PV}{T} = nR$$

R は気体の種類にも，量にも関係しない．これより関係式

$$PV = nRT \tag{2.6}$$

が得られる．この圧力，体積，物質量，絶対温度の間の関係に，厳密にしたが

う気体を，**理想気体**（ideal gas）といい，R を**気体定数**（gas constant）と呼ぶ．低圧または高温であれば，気体の種類を問わず，式 (2.6) は近似的に成り立つ有用な関係式である．気体に限らず，物質の圧力，体積，絶対温度の間に成り立つ関係を，一般に**状態方程式**（equation of state）と呼ぶ．式 (2.6) はその一例である．

気体定数 R の値は，圧力と体積の単位の選び方によって変わることに注意しよう．圧力に kPa，体積に dm³ を用いると

$$R = 8.314 \text{ kPa dm}^3 \text{ K}^{-1} \text{ mol}^{-1}$$

ここで，1 kPa dm³ ＝ 1 J の関係を用いると

$$R = 8.314 \text{ J K}^{-1} \text{ mol}^{-1}$$

これが SI 単位系を用いたとき，一般に必要とする R の値である．PV の単位は J であって，これが仕事を表すことは明らかであろう．

圧力に atm（1 atm ＝ 101.325 kPa），体積に dm³ を用いたときには，気体定数は次式で与えられる．

$$R = 0.08206 \text{ atm dm}^3 \text{ K}^{-1} \text{ mol}^{-1}$$

例題 2.2 25 ℃，100 kPa において，1 dm³ を占める気体の量はいくらか．
[解答] 例題 2.1 の結果を用いると，$n = 1 \text{ dm}^3 / 24.79 \text{ dm}^3 \text{ mol}^{-1} = 0.04034$ mol．

2.5 気体分子運動論

気体分子は常に速い速度で不規則に飛び回っている．この熱運動のエネルギーに基づいて，理想気体の巨視的性質を説明するのが**気体分子運動論**（kinetic theory of gases）で，次のような仮定を必要とする．

(1) 気体分子は小さく，また互いに離れていて，分子の大きさは分子間の距離に比べれば無視できる．言い換えれば，気体中の分子が占める空間

は，分子自身の体積よりもはるかに大きい．
(2) 分子は互いに無関係に運動し，その間には引力も斥力も働かない．（実在気体（非理想気体）では，このような条件は一般には成り立たない．）
(3) 分子は絶えず方向も速さもまちまちな運動をしていて，互いに衝突したり（これには分子に大きさを認めることが必要である），容器の壁に衝突したりする．
(4) 衝突によって運動のエネルギーが失われることはない．

1辺が単位の長さ，すなわち1mの立方体（考察を容易にするため，各辺を直交座標の軸に一致させる）の箱の中に，等しい質量 m をもつ N 個の分子が存在し，それぞれ勝手な方向に運動をしていると仮定する．1個の分子が X 軸に直交し，互いに1m離れた二つの面の間を速度 v_x で往復するならば（図2.4参照），1s間に分子が相対する面それぞれに衝突する回数は，速度を距離2mで割った $(v_x/2)\mathrm{s}^{-1}$ である．分子の運動量は衝突によって，mv_x から $-mv_x$ に変化する．その圧力への寄与は運動量の変化と衝突回数の積，すなわち

$$\frac{v_x}{2} \times 2mv_x = mv_x^2$$

に等しい．図2.4に見るように，分子が X 軸に直交する面に斜めに衝突した場合，符号が変わるのは X 軸方向の成分 v_x だけで，他方向の成分，図2.4の v_z の符号は変わらない．

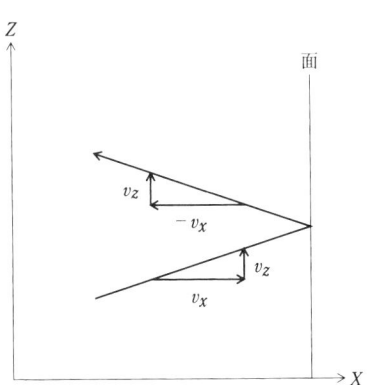

図2.4 X 軸に垂直な壁面への分子の衝突
（平面図にするため，$v_y = 0$ とする）

各面における圧力 $P_x/\mathrm{m^{-1}\,kg\,s^{-2}}$, $P_y/\mathrm{m^{-1}\,kg\,s^{-2}}$, $P_z/\mathrm{m^{-1}\,kg\,s^{-2}}$ はそれぞれ

$$P_x = m\sum v_x^2 = Nm\langle v_x^2\rangle$$
$$P_y = m\sum v_y^2 = Nm\langle v_y^2\rangle$$
$$P_z = m\sum v_z^2 = Nm\langle v_z^2\rangle$$

で与えられる．ここで，$\langle v_x^2\rangle$, $\langle v_y^2\rangle$, $\langle v_z^2\rangle$ は，v_x^2, v_y^2, v_z^2 をそれぞれ N 個の分子について平均した値である．$P_x = P_y = P_z$ であることおよび分子の速度 v と3軸方向の速度成分 v_x, v_y, v_z との間には

$$v^2 = v_x^2 + v_y^2 + v_z^2$$

の関係があることを考慮すると（図2.5参照）

$$\langle v_x^2\rangle = \langle v_y^2\rangle = \langle v_z^2\rangle = \frac{\langle v^2\rangle}{3}$$

が成り立つ．

現実の気体の中では，分子はさまざまな速度で運動しているので，以下，**平均二乗速度**（mean square velocity）$\langle v^2\rangle$ を取り扱う．分子の速度分布は，

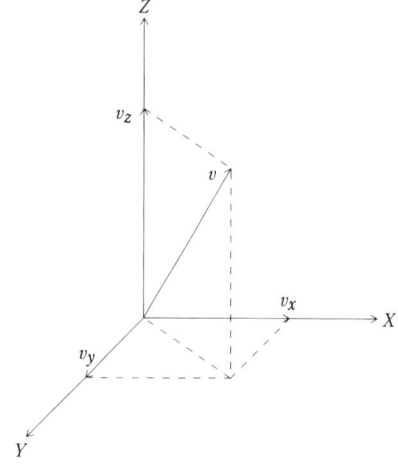

図2.5 分子の速度 v とその直交座標方向の成分 v_x, v_y, v_z の関係

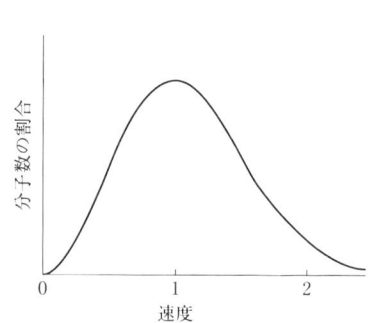

図2.6 分子の速度分布（最大確率速度を1とする）

その極大の位置の速度（最大確率速度といい，温度の関数である）を単位にすると，温度に無関係に図2.6で示される．

平均二乗速度を用いると，圧力 P は

$$P = mN\frac{\langle v^2 \rangle}{3} \tag{2.7}$$

となる．mN は $1\,\mathrm{m}^3$ 中の気体の質量で，これは気体の密度に等しい．その値はモル質量を M とすれば，M/V で表されるから

$$PV = M\frac{\langle v^2 \rangle}{3} \tag{2.8}$$

これを理想気体の状態方程式（2.6）と比較すると，気体1 mol 当たりの運動エネルギー E と絶対温度の関係は，次のように得られる．

$$E = M\frac{\langle v^2 \rangle}{2} = \frac{3}{2}RT \tag{2.9}$$

すなわち，分子の運動エネルギーの平均値は絶対温度に比例して増大する．式（2.9）の両辺をアボガドロ数で割ると

$$m\frac{\langle v^2 \rangle}{2} = \frac{3}{2}k_\mathrm{B}T \tag{2.10}$$

記号 k_B は**ボルツマン定数**（Boltzmann constant）と呼ばれ，気体定数とは $R/N_\mathrm{A} = k_\mathrm{B}$ の関係にある．なお，平均二乗速度の平方根 $\langle v^2 \rangle^{1/2}$ は**根平均二乗速度**（root mean square velocity）と呼ばれ，その値は温度にかかわりなく，図2.6中の最大確率速度の1.225倍に等しい．

例題 2.3 同温，同圧において，ネオン分子（原子量20.18）の根平均二乗速度は酸素分子（原子量16.00）の根平均二乗速度の何倍になるか．

［解答］ 式（2.7）により $[\langle v_\mathrm{Ne}^2 \rangle / \langle v_\mathrm{O_2}^2 \rangle]^{1/2} = (m_\mathrm{O_2}/m_\mathrm{Ne})^{1/2} = (32.00/20.18)^{1/2} = 1.259$（ネオンは単原子分子，酸素は二原子分子であることに注意せよ）．

例題 2.4 500 K において，酸素分子の根平均二乗速度はいくらか．

［解答］ 式（2.9）を用いて，$\langle v^2 \rangle^{1/2}/\mathrm{m\,s^{-1}} = [3 \times 8.314 \times 500/(32.00 \times 10^{-3})]^{1/2} = 624$（現実には，分子間の衝突のため，このように長い距離を直進することはない）．

単原子分子の位置を定めるには，三つの座標を必要とする．このことを運動の自由度は 3 であると表現する．式 (2.10) から明らかなように，「分子の平均運動エネルギーは，一つの自由度当たり $k_\mathrm{B}T/2$ である」といえる．これは**エネルギー等分配則**（law of equipartition of energy）の一例である．気体に限らず，物質を構成する原子，分子，あるいはイオンの不規則な運動は熱運動と呼ばれる．物質によって，また状態によって，熱運動には以上で取り扱った運動（並進運動と呼ばれる）の他に，回転，振動の 2 種が考えられる．例えば，二原子分子から成り立つ気体であれば，分子軸に直交する 2 軸の周りの回転の自由度 2（図 2.7 参照）が並進の自由度 3 に付け加わる．

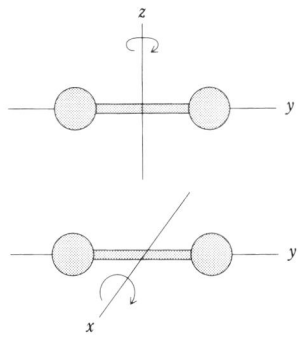

図 2.7　二原子分子の回転

もし，質量 m_1 の N_1 個の分子からなる気体と，質量 m_2 の N_2 個の分子からなる気体が同じ圧力にあれば，式 (2.7) によって

$$m_1 N_1 \langle v_1^2 \rangle = m_2 N_2 \langle v_2^2 \rangle$$

同じ温度にあれば，式 (2.10) によって

$$m_1 \langle v_1^2 \rangle = m_2 \langle v_2^2 \rangle$$

両者を組み合わせると

$$N_1 = N_2$$

これは**アボガドロの法則**にほかならない．

2.6 混合気体

気体 1, 2, 3, …それぞれが体積 $1\,\mathrm{m}^3$ を占めているとすると,気体 i の圧力 p_i は式 (2.7) を用いることによって

$$p_i = \frac{m_i N_i \langle v_i^2 \rangle}{3} = \frac{2E_i}{3}$$

一定体積の中で気体 1, 2, 3, …を混合すると,理想気体の分子間には相互作用がないので,気体分子の全運動エネルギー E は気体 1, 2, 3, …それぞれのエネルギーの和,すなわち

$$E = E_1 + E_2 + E_3 + \cdots$$

となる.**混合気体** (mixed gas) 全体が示す圧力,すなわち**全圧** (total pressure) P は,式 (2.7) を用いて

$$P = p_1 + p_2 + p_3 + \cdots \tag{2.11}$$

となる.ここで,p_i は成分 i の気体が混合気体と同じ体積を占めたとき示すはずの圧力で,気体 i の**分圧** (partial pressure) と呼ばれる.式 (2.11) は**ドルトンの分圧の法則** (Dalton's law of partial pressure) である.すなわち「混合気体の全圧は成分気体の分圧の和に等しい」の式による表現である.以下,全圧には大文字 P を,分圧には小文字 p を使用する.

例題 2.5 25 ℃ において,$5\,\mathrm{dm}^3$ の空のフラスコを $8.4\,\mathrm{g}$ の N_2(分子量 28)と $6.4\,\mathrm{g}$ の O_2(分子量 32)で満たしたとすると,それぞれの分圧はいくらか.

［解答］ N_2 の量は $0.3\,\mathrm{mol}$,O_2 の量は $0.2\,\mathrm{mol}$,N_2 の分圧は式 (2.6) を用いて $(0.3 \times 0.08206 \times 298/5)\,\mathrm{atm} = 1.47\,\mathrm{atm}$,$O_2$ の分圧は $(0.2 \times 0.08206 \times 298/5)\,\mathrm{atm} = 0.98\,\mathrm{atm}$.

2.7 理想気体と実在気体

実在気体(real gas)が厳密に理想気体として挙動するのは,圧力0のときのみである.実在気体の挙動が,どのように理想気体からずれるのかを図示するには,気体1molについての**圧縮因子**(compression factor),すなわち

$$Z = \frac{PV}{RT} \tag{2.12}$$

を圧力に対して目盛るのが便利である.理想気体であれば,圧縮因子は常に1となるが,実在気体では圧力と温度により圧縮因子の値は変化する.図2.8に例として,350Kにおける窒素,メタンおよび二酸化炭素の圧縮因子と圧力の関係を示す.圧力が高いほど$Z=1$からのずれが大きいことが知れよう.また,温度は低いほうが$Z=1$から大きくずれる.これは2.5節の気体分子運動論で仮定されたことが成り立たないことを意味する.実在気体では,分子の大きさが無視できないこと,分子間に引力が働くことは,気体の液化を話題とする8.6節および8.7節で詳しく考察する.

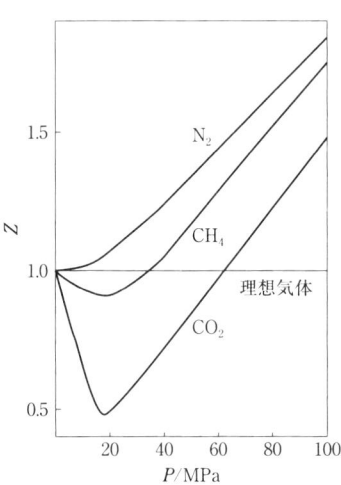

図2.8 350Kにおける3種の気体の圧縮因子Zと圧力Pの関係

●まとめ

(1) 理想気体 n mol の圧力，体積，温度の関係は状態方程式 (2.6) で表される．すなわち

$$PV = nRT$$

である．

(2) 気体分子の根平均二乗速度は式 (2.9) を書き改めた次式で与えられる．

$$\langle v^2 \rangle^{1/2} = \left(\frac{3RT}{M}\right)^{1/2}$$

(v の単位は m s^{-1}，モル質量 M の単位は kg mol^{-1})

問　題

2.1 1 atm で体積 1 dm^3 の気体を，温度はそのままで，体積を 4 dm^3 に変えるには，圧力をいくらにすればよいか．

2.2 25 °C，100 kPa で体積 24.8 dm^3 の気体がある．174 °C，100 kPa では気体の体積はいくらになるか．

2.3 気体 1 mol が 300 K で，1 dm^3 を占めるとき，その圧力はいくらか．

2.4 100 kPa，298 K において，体積 1 m^3 に含まれる分子数はいくらか．ただし，アボガドロ数は 6.022×10^{23} mol^{-1} とせよ．

2.5 100 kPa，298 K における窒素（原子量 14.01）の密度 ρ/kg m^{-3} はいくらか．

2.6 同温，同圧において，メタン分子（分子量 16.04）の根平均二乗速度は，一酸化炭素分子（分子量 28.01）の根平均二乗速度の何倍になるか．

2.7 同圧において，25 °C のネオン分子（原子量 20.18）の平均二乗速度に，酸素分子（原子量 16.00）の平均二乗速度が等しくなる温度はいくらか．

2.8 500 K においてネオン分子の根平均二乗速度はいくらか．

2.9 300 K において，4 dm^3 の空のフラスコを 7 g の CO（分子量 28）と 8.8 g の CO$_2$（分子量 44）で満たしたとすると，それぞれの分圧はいくらか．

3. 反応熱と反応条件

　化学反応に伴って出入りする熱，すなわち反応熱が本章の話題の中心である．初めに，熱化学方程式の取り扱いを説明する．次いで，熱化学方程式でエネルギーと呼んでいる反応熱の内容を検討する．反応によって体積が変化すれば，それは反応熱の大きさに影響を及ぼすことを解説し，体積一定と圧力一定の条件がもたらす反応熱の差異に触れる．

3.1　発熱反応と吸熱反応

　物質は原子やイオン間の化学結合，あるいは分子間に働く引力の形でエネルギーを蓄えている．そして，化学反応では化学結合の切断や生成が起こるため，熱の放出や吸収がある．これを**反応熱**（heat of reaction）という．化学反応に伴って，熱を放出する反応を**発熱反応**（exothermic reaction），吸収する反応を**吸熱反応**（endothermic reaction）と呼ぶ．
　化学反応に伴って熱の放出または吸収があるのは，反応物がもつエネルギーと生成物がもつエネルギーに差があるためである．反応物がもつエネルギーが生成物がもつエネルギーよりも大きい反応は，過剰なエネルギーを熱として放出する．すなわち，発熱反応となる．逆に，反応物のエネルギーが生成物のエネルギーよりも小さい反応は，不足するエネルギーを熱として吸収する．

3.2 熱化学方程式

物質の変化とともに，熱の出入りを記した化学方程式は**熱化学方程式** (thermochemical equation) と呼ばれる．すなわち，化学式は物質を表すだけではなく，その物質がもつエネルギーをも表しているとして，質量とエネルギーの両方に関する等式を書いたものが熱化学方程式である．

一般に，25℃，1 atm における反応熱が化学方程式の右辺に書き添えられる．したがって，左辺に記された反応物がもつエネルギーが基準となる．右辺のエネルギーの和は左辺のエネルギーの和に等しくなるように，放出される熱には＋，吸収される熱には－の符号を付ける．そして，熱化学方程式では，一般の化学方程式で用いる矢印→の代わりに，等号＝で両辺を結ぶ．

化合物 1 mol が同じ温度，同じ圧力にある成分の単体から生じるとき，発生または吸収する熱量を**生成熱** (heat of formation) という．例えば，25℃，1 atm において，水素と酸素から水を生成するとき，水が液体状態にあれば

$$H_2(g) + \frac{1}{2}O_2(g) = H_2O(l) + 285.8 \text{ kJ}$$

気体状態にあれば

$$H_2(g) + \frac{1}{2}O_2(g) = H_2O(g) + 241.8 \text{ kJ}$$

と表す．熱化学方程式は数学の方程式のように，項を左辺から右辺へ移したり，また二つの方程式を加えたり，差し引いたりしてもよい．したがって，後者から前者を差し引いた

$$H_2O(l) = H_2O(g) - 44.0 \text{ kJ}$$

は水の蒸発を表し，44.0 kJ は**蒸発熱** (heat of vaporization) である．これを

$$H_2O(g) = H_2O(l) + 44.0 \text{ kJ}$$

と書き改めれば，水蒸気の凝縮を表す．このように，反応熱は反応に関与する物質の状態によって異なるから，反応物，生成物それぞれが，気体であるか，

液体であるか，固体であるかを明記する．すべての化学量論係数に 2 を掛ければ，反応熱も 2 倍になる．すなわち

$$2\,\mathrm{H_2(g)} + \mathrm{O_2(g)} = 2\,\mathrm{H_2O(g)} + 483.6\,\mathrm{kJ}$$

生成熱が測定できるためには，反応が容易に，速やかに進行し，副反応を伴わないことが肝要で，そのような条件を満足する反応は限られている．単体と酸素あるいはハロゲンの反応に，この条件を満たす例が多い．しかし，限られているといっても，化学反応の数は非常に多いので，それらの熱化学方程式を網羅するのは容易なことではない．

3.3 ヘスの法則

「化学変化の前後の状態を定めると，その間に出入りする熱量の総和は一定で，変化の経路に無関係である」

この法則は，後に述べる熱力学の第一法則が提出される以前に，**ヘス**（G. H. Hess, 1802-1850）によって実験的に見いだされたので，**ヘスの法則**（Hess's law），あるいは**総熱量保存の法則**（principle of constant heat summation）と呼ばれる．

例えば，ヘスは次の a と b，二つの変化の経路における反応熱を比較した（用いた反応熱は今日の値で，ヘスが報告した値ではない）．いずれの経路の反応熱の和も 439.6 kJ である．

(1-a) $\mathrm{Zn(s)} + \frac{1}{2}\mathrm{O_2(g)} = \mathrm{ZnO(s)} + 348.3\,\mathrm{kJ}$

(1-b) $\mathrm{ZnO(s)} + 2\,\mathrm{HCl(aq)} = \mathrm{ZnCl_2(aq)} + \mathrm{H_2O(l)} + 91.3\,\mathrm{kJ}$

(2-a) $\mathrm{Zn(s)} + 2\,\mathrm{HCl(aq)} = \mathrm{ZnCl_2(aq)} + \mathrm{H_2(g)} + 153.8\,\mathrm{kJ}$

(2-b) $\mathrm{H_2(g)} + \frac{1}{2}\mathrm{O_2(g)} = \mathrm{H_2O(l)} + 285.8\,\mathrm{kJ}$

例題 3.1 次の熱化学方程式を用いて，実験によって直接測定できない一酸化炭素 CO(g) の生成熱を求めよ．

$$\text{C(s)} + \text{O}_2\text{(g)}$$

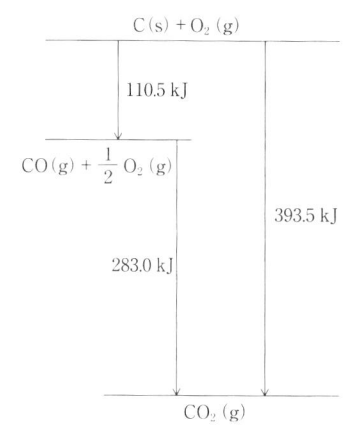

110.5 kJ

$$\text{CO(g)} + \frac{1}{2}\text{O}_2\text{(g)}$$

393.5 kJ

283.0 kJ

$$\text{CO}_2\text{(g)}$$

図 3.1 CO(g) と CO_2(g) の生成熱の関係

$$\text{C(s)} + \text{O}_2\text{(g)} = \text{CO}_2\text{(g)} + 393.5 \text{ kJ}$$

$$2\text{CO(g)} + \text{O}_2\text{(g)} = 2\text{CO}_2\text{(g)} + 566.0 \text{ kJ}$$

[解答] 前者を 2 倍して，これより後者を差し引くことにより

$$2\text{C(s)} + \text{O}_2\text{(g)} = 2\text{CO(g)} + 221.0 \text{ kJ}$$

これを 2 で割って

$$\text{C(s)} + \frac{1}{2}\text{O}_2\text{(g)} = \text{CO(g)} + 110.5 \text{ kJ}$$

これらの関係を図 3.1 に示す．

例題 3.2 次の熱化学方程式を組み合わせて，エタノール $\text{C}_2\text{H}_5\text{OH}$(l) の生成熱を求めよ．

(a) $\text{C}_2\text{H}_5\text{OH(l)} + 3\text{O}_2\text{(g)} = 2\text{CO}_2\text{(g)} + 3\text{H}_2\text{O(l)} + 1366.7 \text{ kJ}$

(b) $\text{C(s)} + \text{O}_2\text{(g)} = \text{CO}_2\text{(g)} + 393.5 \text{ kJ}$

(c) $\text{H}_2\text{(g)} + \dfrac{1}{2}\text{O}_2\text{(g)} = \text{H}_2\text{O(l)} + 285.8 \text{ kJ}$

[解答] 2(b) + 3(c) − (a) を計算すると，$2\text{C(s)} + 3\text{H}_2\text{(g)} + ½\text{O}_2\text{(g)} = \text{C}_2\text{H}_5\text{OH(l)} + 277.7 \text{ kJ}$．

3.4 系 と 外 界

　反応が一定温度，一定圧力で行われるためには，発熱反応ならば放出される熱を受け取るもの，吸熱反応ならば吸収すべき熱を与えるものの存在を必要とする．また，反応の際に体積変化がある場合もある．そこで，反応が行われる空間を**系**（system），系の外の空間を**外界**（surrounding）と呼んで，世界を二分する．外界は系に比べると無限に大きくて，系から熱を受け取っても，系から仕事をされても，その温度，圧力は影響を受けないと考える．

　化学反応では，反応の前後で元素の種類と各元素の原子の数は変わらない，言い換えれば，物質の出入りはない．しかし，エネルギーの出入りがある系を取り扱う．物質の出入りがないことを計算に反映させるには，化学方程式の化学量論係数にしたがって，反応物と生成物を考慮すればよい．この種の系を**閉じた系**（closed system）と名付ける．

　もし，化学反応によらない組成の変化を考えるとすれば，その系にはエネルギーのみならず，物質の出入りがあるとしなければならない．このような系を**開いた系**（open system）という．時には，外界との間に物質，エネルギーともに出入りのない**孤立系**（isolated system）も考慮の対象になる．これら3種の系と外界の関係を，図3.2に模式的に表す．いずれの系も外界を合わせたときは，孤立系とみなされる．

図3.2　開いた系，閉じた系，孤立系

3.5 熱 と 仕 事

　気体分子運動論（2.5節）で述べたように，熱は物体を構成する原子や分子の運動エネルギーにほかならない．しかし，外界からされた仕事はすべて熱に変えることができるが，熱をすべて外界にする仕事に変えることはできない．このため，系に出入りするエネルギーは**熱**（heat）と**仕事**（work）の二つの形に分けて考察する．例えば，化学反応によって気体の体積の増大があれば，系のエネルギーは膨張の仕事に費やされる（3.9節参照）．その際，系の温度を一定に保つには，膨張に費やされたエネルギーを反応熱，または外界からの熱によって補うことが必要となる．

3.6 状 態 量

　系は常に時間的に不変な**平衡状態**（equilibrium state）にあると仮定する．しかし，系に変化が見られなくても，気体分子運動論で知ったように，目に見えない分子を考慮の対象とすれば，決して静止した状態にはない．

　系が平衡状態にあるとき，一義的に定まった値をもつ物理量を**状態量**（quantity of state）という．このとき，状態量は系全体を通じて一様，一定である．そして，平衡状態を規定するものは，温度 T と圧力 P，または温度 T と体積 V である．なお，これら三つの状態量は，すでに述べたように，状態方程式によって互いに関係付けられている．

　平衡状態を保ったままで変化を考えるとすれば，その変化の速度は無限に遅い．したがって，変化に要する時間は無限に長いので，化学熱力学の考察には時間は入らない．この**準静的変化**（quasi-static change）と呼ばれる仮想的な過程では，変化は常に**可逆的**（reversilbe）と見なされる．すなわち，外界をも含めて，まったく元の状態に戻すこともできると見なす．ただし，これは理想化された話である．自発的に起こる過程はすべて**不可逆的**（irreversible）である．

3.7 示量性と示強性

状態量には系の物質量に比例するものと,物質量に無関係なものとがある.体積 V,質量 m,熱 q は前者の例で,それらは**示量性** (extensive) の状態量と呼ばれる.他方,圧力 P,温度 T,密度 ρ は後者の例で,**示強性** (intensive) の状態量と呼ばれる.

示量性の状態量と示強性の状態量の違いを,熱と温度を例にして説明しておこう.示強性の状態量である温度は同じであっても,2 g の水は 1 g の水の 2 倍の示量性の状態量である熱を含む.そして,同じ 0 °C であっても,水は氷よりも多くの熱を含み,水蒸気は水よりも多くの熱を含む.この事実は氷を水に変えるには,また水を水蒸気に変えるに,熱の供給を必要とすることから明らかである.水と氷の混合物を加熱して,系の熱が増加しても,氷が存在する限り,その温度は 0 °C に保たれる.

3.8 状態量の変化

状態量 X の変化を記号 ΔX(Δ はギリシャ文字で,デルタと読む)で表し,次式で定義する.

$$\Delta X = X(変化後) - X(変化前) \tag{3.1}$$

例えば,系の圧力が P_1 から P_2 になったとすると,変化は

$$\Delta P = P_2 - P_1$$

で表され,その値は $P_2 > P_1$ ならば正,$P_2 < P_1$ ならば負である.

化学反応による状態量 X の変化は,化学方程式に基づいて

$$\Delta X = \sum n_i X_i(生成物) - \sum n_i X_i(反応物) \tag{3.2}$$

で与えられる.$\sum$(ギリシャ文字で,シグマと読む)は和の記号で,$\sum n_i X_i$ は物質 i の X_i を化学量論係数 n_i を考慮に入れて加算することを意味する.

3.9 体積変化と仕事

系が外界の圧力 P に逆らって膨張するときには（図 3.3 参照），系は外界に仕事 w をしてエネルギーを失う．圧力 P の符号は＋，体積変化 dV の符号は膨張の場合に＋であるから，一般には次式で表される．

$$w = -\int_{V_1}^{V_2} P\, dV \tag{3.3}$$

もし，外界の圧力は一定で，1 atm（≒101 kPa）であると仮定すると，式 (3.3) の右辺は次のよう簡単化される．

$$P(V_2 - V_1)/\mathrm{J} = 101 \times (\Delta V/\mathrm{dm}^3) \tag{3.4}$$

例題 3.3 25 ℃ において，10 atm の圧力にある理想気体 1 mol が，1 atm の外界の圧力に逆らって膨張するとき，気体が外界に対してなす仕事はいくらか．

［解答］ 膨張によって気体の圧力は 10 atm から 1 atm まで減少するが，外界の圧力は一定で常に 1 atm である．理想気体 1 mol の体積は 25 ℃，10 atm における 2.4 dm^3 から 25 ℃，1 atm における 24.5 dm^3 まで膨張するから，式 (3.4) によって，$w/\mathrm{kJ} = -101 \times (24.5 - 2.4) \times 10^{-3} = -2.23$．

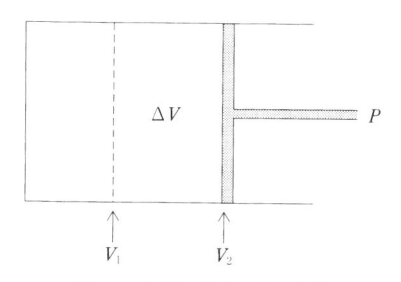

図 3.3 気体の膨張による仕事

3.10 内部エネルギー

系が外界から吸収した熱を q，系の体積変化によって外界から系にされた仕事を w としよう．両者の和を系の**内部エネルギー** (internal energy) U の増加と名付けて，ΔU で表す．すなわち

$$\Delta U = q + w \tag{3.5}$$

系が外界へ熱を放出するとき，熱 q の符号は－，系が膨張するとき，系は外界に対して仕事をするので，仕事 w の符号は－である（式 (3.3) 参照）．

内部エネルギーは状態量の一つで，系の温度と体積の関数と見なされる．系に体積一定の条件を付ければ，仕事が行われることなく，系が吸収した熱は内部エネルギーの増加に等しくなる．すなわち

$$q_V = \Delta U \tag{3.6}$$

q の添え字の V は体積一定を意味する．

3.11 熱力学の第一法則

「内部エネルギーの増加 ΔU は，変化前の平衡状態 1 と変化後の平衡状態 2 によって定まり，その変化の経路には関係しない」

これは**熱力学の第一法則** (first law of thermodynamics) の表現の一つである．経路に関係しないとは，変化の途中でどのような状態，温度，圧力，体積を経由するかは問題にしなくてもよいことを意味する．したがって，一定温度の条件の下での化学反応とはいっても，終始一定温度に保つ必要はない．反応後に系の温度が元と同じになれば，この条件は満たされる．

熱力学の第一法則は，エネルギーの形を熱と仕事に限定した**エネルギーの保存の原理** (law of conservation of energy) の表現である．エネルギーは発生することもなく，消滅することもない．熱はそのまま保存されるか，一部が仕事に変えられるかのいずれかである．

系が一つの平衡状態から出発して、いくつかの変化を経て再び同じ状態に戻るとき、この過程を**サイクル**（cycle）と名付ける．1サイクルを経たとき $\Delta U=0$ であるから，式（3.5）より

$$q=-w$$

を得る．すなわち，系が外界にした仕事 w は，系が外界から吸収した熱 q に等しい．もし，外界から熱の供給がないとすると $q=0$，したがって，$w=0$ で「熱を供給されないで，外界に向かって仕事をすることはできない」といえる．これも熱力学の第一法則の表現の一つである．

3.12 エンタルピー

化学反応が一定温度，一定圧力（圧力の標準は $100\,\mathrm{kPa}$ または $1\,\mathrm{atm}$）の下で行われれば，一般には体積変化がある．圧力一定を添え字の P で表して，その際に系が吸収する熱を q_P とすると，系が外界から仕事をされることは，外界の圧力 P の下で系が縮小することであるから，式（3.5）は式（3.4）を用いることにより

$$\Delta U = q_P - P\Delta V \tag{3.7}$$

となる．
エンタルピー（enthalpy）と名付ける新たな状態量

$$H = U + PV \tag{3.8}$$

を定義し，これに圧力一定（$\Delta P=0$）の条件を付けると，その増加 ΔH は

$$\Delta H = \Delta U + P\Delta V \tag{3.9}$$

で表される．これを式（3.7）と比較すると，次式が得られる．

$$q_P = \Delta H \tag{3.10}$$

したがって，一定温度における反応熱は，一定体積で測定すれば ΔU，一定圧

力で測定すれば ΔH である．

熱化学方程式で取り扱った反応熱は，25 ℃，1 atm で求められているから，エンタルピー変化である．しかし，系から熱が放出される発熱反応に＋が付けられていて，ΔH とは符号が逆であることに注意しよう．

例えば，次の反応では発熱によって系の外へエネルギーが失われる．熱化学方程式では両辺のエネルギーを釣り合わせて

$$2\,H_2O_2(l) = 2\,H_2O(l) + O_2(g) + 196.0\,kJ$$

と書くが，化学熱力学では

$$2\,H_2O_2(l) \longrightarrow 2\,H_2O(l) + O_2(g)\,;\,\Delta H^\circ = -196.0\,kJ$$

と記載する．

3.13 内部エネルギー変化とエンタルピー変化の関係

密閉容器中で反応を行えば，系の体積変化はないので，測定される反応熱は ΔU である．圧力一定の条件下の反応熱 ΔH との関係は式 (3.9) で与えられる．

一定温度で化学反応が行われたとき，気体の量の変化 Δn は，化学方程式中の気体物質の化学量論係数 n_i に着目して

$$\Delta n = \sum n_i(\text{気体の生成物}) - \sum n_i(\text{気体の反応物}) \tag{3.11}$$

によって求められる．固体，液体が共存していても，それらの体積変化は無視できるほど小さい．気体の体積変化があるときには，理想気体の状態方程式 (2.6) から導かれる式

$$P\Delta V = \Delta nRT$$

を式 (3.9) に代入することで，次式が得られる．

$$\Delta H \fallingdotseq \Delta U + \Delta nRT \tag{3.12}$$

次章で述べる燃焼熱は，熱量計の密閉容器の中で燃焼反応を行って ΔU を測定した後，式 (3.12) によって ΔH に換算されたものである．

例題 3.4 次の反応における気体の量の変化 Δn はそれぞれいくらか．
(a) $H_2(g) + Cl_2(g) \longrightarrow 2\,HCl(g)$
(b) $H_2(g) + \frac{1}{2} O_2(g) \longrightarrow H_2O(g)$
(c) $2\,SO_2(g) + O_2(g) \longrightarrow 2\,SO_3(s)$
［解答］ (a) 0, (b) $-1/2$, (c) -3．

例題 3.5 $\Delta n = 1$ のとき，298 K における 1 mol 当たりの ΔH と ΔU の差はいくらか．
［解答］ $RT/\text{kJ mol}^{-1} = 8.314 \times 298 \times 10^{-3} = 2.48$．

● まとめ

(1) 反応熱は個々の物質の状態，固体，液体，気体を指定しないと定まらない．

(2) 反応が一定温度で行われたとき，系が得る熱 q は定積か，定圧かの条件によって異なる．q は体積一定ならば内部エネルギーの増加 ΔU に等しく，圧力一定ならばエンタルピーの増加 ΔH に等しい．熱化学方程式に示される熱は，ΔH に負号を付したものである．

(3) 反応物と生成物が液体と固体に限定されているならば

$$\Delta H \fallingdotseq \Delta U$$

であるが，反応によって気体の量の増加，Δn があるときには式 (3.12) の関係が成り立つ．

$$\Delta H \fallingdotseq \Delta U + \Delta n RT$$

問　題

3.1 次の熱化学方程式を用いて，酸化銅(II) CuO(s) の単体からの生成を表す熱化学方程式を求めよ．以下，組み合わせるべき熱化学方程式が与えられていないときには，例題 3.2 を参照せよ．

$$CuO(s) + H_2(g) = Cu(s) + H_2O(l) + 129 \text{ kJ}$$

3.2 次の熱化学方程式を用いて，ヨウ化水素 HI(g) の単体からの生成を表す熱化学方程式を求めよ．

$$Cl_2(g) + 2 HI(g) = 2 HCl(g) + I_2(s) + 131.6 \text{ kJ}$$
$$H_2(g) + Cl_2(g) = 2 HCl(g) + 184.6 \text{ kJ}$$

3.3 次の熱化学方程式を用いて，アンモニア $NH_3(g)$ の単体からの生成を表す熱化学方程式を書け．

$$4 NH_3(g) + 3 O_2(g) = 2 N_2(g) + 6 H_2O(l) + 1530.4 \text{ kJ}$$

3.4 次の熱化学方程式を用いて，二硫化炭素 $CS_2(l)$ の単体からの生成を表す熱化学方程式を求めよ．

$$CS_2(l) + 3 O_2(g) = CO_2(g) + 2 SO_2(g) + 1076.8 \text{ kJ}$$
$$S(s) + O_2(g) = SO_2(g) + 296.8 \text{ kJ}$$

3.5 次の熱化学方程式を用いて，酢酸 $CH_3COOH(l)$ の単体からの生成を表す熱化学方程式を求めよ．

$$CH_3COOH(l) + 2 O_2(g) = 2 CO_2(g) + 2 H_2O(l) + 874.1 \text{ kJ}$$

3.6 次の反応における気体の量の変化 Δn はそれぞれいくらか．
 (a) $N_2(g) + 2 O_2(g) \longrightarrow N_2O_4(l)$
 (b) $N_2(g) + 3 H_2(g) \longrightarrow 2 NH_3(g)$
 (c) $4 NH_3(g) + 3 O_2(g) \longrightarrow 2 N_2(g) + 6 H_2O(l)$
 (d) $2 HI(g) \longrightarrow H_2(g) + I_2(g)$
 (e) $SO_2(g) + Cl_2(g) + 2 H_2O(l) \longrightarrow 2 HCl(g) + H_2SO_4(l)$

3.7 エタノールの生成反応 $2 C(s) + 3 H_2(g) + \frac{1}{2} O_2(g) \longrightarrow C_2H_5OH(l)$ の 298 K における ΔH と ΔU の差はいくらか．

3.8 900 K，1 atm において，反応 $MgCO_3(s) \longrightarrow MgO(s) + CO_2(g)$ の ΔH は 108.8 kJ である．炭酸マグネシウム $MgCO_3(s)$ と酸化マグネシウム MgO(s) のモル体積をそれぞれ 28 cm³，11 cm³ として，ΔU の値を求めよ．

4. 標準生成エンタルピー

　標準状態にある単体から同じ状態にある化合物 1 mol が生成する際のエンタルピーを標準生成エンタルピーと定義する．これを組み合わせれば，任意の化学反応の反応熱を計算することができる．次いで，燃焼熱および結合エンタルピーと標準生成エンタルピーの関係を説明する．さらに，温度が標準温度とは異なる場合，化学反応に伴うエンタルピー変化は，変化に与かる物質それぞれの温度変化に伴う熱の出入りを用いて評価されることに触れる．

4.1　標準生成エンタルピーの定義

　3.2 節で述べた物質 1 mol がもつエンタルピーとして，標準状態（100 kPa で安定な状態）にある単体から，同じく標準状態にある化合物 1 mol が生成する際のエンタルピー変化を採用する．これを**標準生成エンタルピー**（standard enthalpy of formation）と名付ける．特に，標準温度 25 ℃（= 298.15 K）における値は $\Delta_\mathrm{f} H°$ の記号で表され，すべての計算の基礎となる．本書で必要とする値は裏見返しの付表にまとめてある．
　この定義によれば，標準状態にある単体の $\Delta_\mathrm{f} H°$ は 0 である．例えば，炭素の安定な同素体である黒鉛の $\Delta_\mathrm{f} H°$ は 0 で，準安定なダイヤモンドの $\Delta_\mathrm{f} H°$ は正の値となる．なお，圧力が 100 kPa であって温度が 25 ℃ と異なる場合，これを示すには，右下にその絶対温度を付記する．一般のエンタルピー変化 $\Delta H°$ の温度も同様に取り扱う．なお，1982 年以前の標準圧力は 1 atm，すなわち，101.325 kPa であった．この程度の圧力の差異がエンタルピーに及ぼす影

響は無視してよい．

気体の標準状態には，仮想的な理想気体が選ばれている．したがって，裏見返しの付表の $\Delta_f H°$ は，実在気体の圧力 0 における値に等しい（図 2.8 参照）．25 °C では，1 atm の条件は実現できないにもかかわらず，化学熱力学の表に $H_2O(g)$ の $\Delta_f H°$ の値が見いだされるのは，このような理由による．

標準状態における反応熱 $\Delta H°$ は生成系（化学方程式の右辺），反応系（左辺）に現れる物質 i の標準生成エンタルピー $\Delta_f H_i°$ と化学方程式中の化学量論係数 n_i 用いて，次式で与えられる．

$$\Delta H° = \sum n_i \Delta_f H_i°(\text{生成物}) - \sum n_i \Delta_f H_i°(\text{反応物}) \quad (4.1)$$

したがって，反応物と生成物の標準生成エンタルピーを，化学熱力学の表に見いだしさえすれば，任意の反応に伴う $\Delta H°$ を計算することができる．

例題 4.1 裏見返しの付表に与えられた $ClF(g)$，$HF(g)$，$HCl(g)$ の標準生成エンタルピーを用いて，次の反応の $\Delta H°$ を求めよ．

$$ClF(g) + H_2(g) \longrightarrow HF(g) + HCl(g)$$

[解答]　$\Delta H°/kJ = -271.1 - 92.3 - (-54.5) = -308.9$．

4.2 燃　焼　熱

有機化合物が燃焼して水と二酸化炭素を生じる際の反応熱，すなわち**燃焼熱**(heat of combustion) $\Delta_c H$ は，$\Delta_f H°$ を求めるのに有用である．現実には，密閉した容器の中で燃焼を行う．これを熱の出入りがないように作られた熱量計と呼ばれる装置の中の水に浸し，水の温度の変化を精密に測定して，発生する熱を求める．これを物質 1 mol 当たりに換算して $\Delta_c U$ を得た後，式 (3.12) を用いて $\Delta_c H°$ に換算する．

例えば

$$3\,C_2H_2(g) \longrightarrow C_6H_6(g)$$

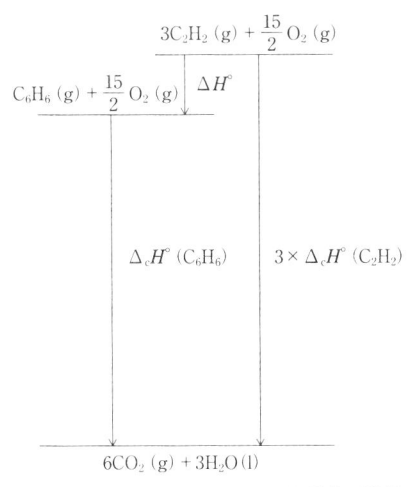

$$\begin{array}{c} 3\mathrm{C_2H_2(g)} + \dfrac{15}{2}\mathrm{O_2(g)} \\ \mathrm{C_6H_6(g)} + \dfrac{15}{2}\mathrm{O_2(g)} \quad \Delta H^\circ \\ \\ \Delta_c H^\circ(\mathrm{C_6H_6}) \qquad 3\times \Delta_c H^\circ(\mathrm{C_2H_2}) \\ \\ 6\mathrm{CO_2(g)} + 3\mathrm{H_2O(l)} \end{array}$$

図 4.1 アセチレンとベンゼンの燃焼熱の関係

の反応系と生成系それぞれは燃焼によって同じ量の二酸化炭素と水を与えるから，次式が成り立つ．この関係を図 4.1 に表す（問題 4.5 参照）．

$$\Delta H^\circ = -\Delta_c H^\circ(\mathrm{C_6H_6}) + 3\Delta_c H^\circ(\mathrm{C_2H_2})$$

正負の符号が式（4.1）とは反対になっていることに注意しよう．

組成 $\mathrm{C}_a\mathrm{H}_b\mathrm{O}_c$ をもつ有機化合物の生成は

$$a\mathrm{C(s)} + \frac{b}{2}\mathrm{H_2(g)} + \frac{c}{2}\mathrm{O_2(g)} \longrightarrow \mathrm{C}_a\mathrm{H}_b\mathrm{O}_c$$

で，燃焼は

$$\mathrm{C}_a\mathrm{H}_b\mathrm{O}_c + \left(a + \frac{b}{2} - \frac{c}{2}\right)\mathrm{O_2(g)} \longrightarrow a\mathrm{CO_2(g)} + \frac{b}{2}\mathrm{H_2O(l)}$$

で表される．炭素の燃焼熱は二酸化炭素の生成エンタルピー，水素の燃焼熱は水の生成エンタルピーのことであるから，$\mathrm{C}_a\mathrm{H}_b\mathrm{O}_c$ の標準生成エンタルピー $\Delta_f H^\circ(\mathrm{C}_a\mathrm{H}_b\mathrm{O}_c)$，燃焼熱 $\Delta_c H^\circ(\mathrm{C}_a\mathrm{H}_b\mathrm{O}_c)$，$\Delta_f H^\circ(\mathrm{CO_2(g)})$ および $\Delta_f H^\circ(\mathrm{H_2O(l)})$ の間には，$c=0$ の場合も含めて，次式が成り立つ．

$$\begin{aligned}\Delta_f H^\circ(\mathrm{C}_a\mathrm{H}_b\mathrm{O}_c) &= -\Delta_c H^\circ(\mathrm{C}_a\mathrm{H}_b\mathrm{O}_c) + a\Delta_f H^\circ(\mathrm{CO_2}) + \frac{b}{2}\Delta_f H^\circ(\mathrm{H_2O}) \\ &= -\Delta_c H^\circ(\mathrm{C}_a\mathrm{H}_b\mathrm{O}_c) - 393.5a - 142.9b \end{aligned} \quad (4.2)$$

例題 4.2 次のベンゼン $C_6H_6(g)$ の燃焼熱を用いて,その標準生成エンタルピーを求めよ.

$$2\,C_6H_6(g) + 15\,O_2(g) \longrightarrow 12\,CO_2(g) + 6\,H_2O(l)\;;\;\Delta_cH°/\text{kJ} = -6602.6.$$

［解答］ 式 (4.2) を用いて,$\Delta_fH°/\text{kJ mol}^{-1} = 6602.6/2 - 393.5\times6 - 142.9\times6 = 82.9$.

4.3 結合エネルギー

水素とフッ素が反応してフッ化水素を生成する反応

$$H_2(g) + F_2(g) \longrightarrow 2\,HF(g)$$

では,水素分子の H-H 結合とフッ素分子の F-F 結合が切断され,2 分子のフッ化水素の H-F 結合が形成される.分子内のある結合 1 mol を切断するのに必要なエネルギーを,その結合の**結合エネルギー** (bond energy) と名付ける.これらの結合エネルギーの値はそれぞれ

H-H　　$436.0\,\text{kJ} = 2\times\Delta_fH°(\text{H}(g))$
F-F　　$158.0\,\text{kJ} = 2\times\Delta_fH°(\text{F}(g))$
H-F　　$568.1\,\text{kJ} = \Delta_fH°(\text{H}(g)) + \Delta_fH°(\text{F}(g)) - \Delta_fH°(\text{HF}(g))$

である.結合が形成されるとき,エンタルピーの符号は負となるから,上記の化学反応の反応熱は次式で与えられる.

$$\Delta H°/\text{kJ} = -2\times568.1 + (436.0 + 158.0) = -542.2$$

この値は $\Delta_fH°(\text{HF}(g)) = -271.1\,\text{kJ mol}^{-1}$ の 2 倍に等しい.これらの関係を図 4.2 に示す.このように,反応を結合エネルギーを用いて眺めるときには,エネルギーの基準は単体から気体状態にある原子に移される.

この考え方を多原子分子へ拡張するには,一定温度において,気体分子を構成原子からなる気体に分解する反応の標準エンタルピー,すなわち**原子化熱** (heat of atomization) $\Delta_aH°$ を取り上げる.例えば,アンモニアであれば

4.3 結合エネルギー

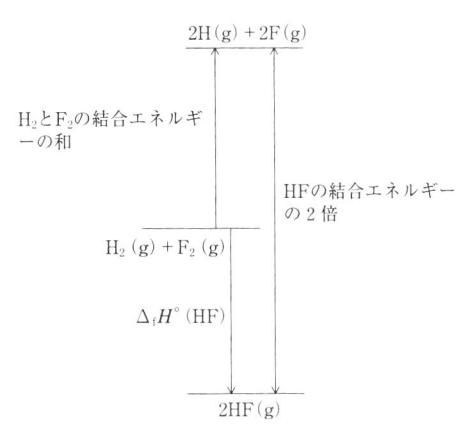

```
        2H(g)+2F(g)
```

図4.2 H_2, F_2, HF の結合エネルギーと HF の標準生成エンタルピー $\Delta_f H°$(HF) の関係

$$NH_3(g) \longrightarrow N(g) + 3H(g) \; ; \; \Delta_a H°/\text{kJ mol}^{-1} = 1172.8$$

この値は次の $\Delta H°$ の和である.

$$NH_3(g) \longrightarrow NH_2(g) + H(g) \; ; \; \Delta H°/\text{kJ mol}^{-1} = 435.6$$
$$NH_2(g) \longrightarrow NH(g) + H(g) \; ; \; \Delta H°/\text{kJ mol}^{-1} = 377.0$$
$$NH(g) \longrightarrow N(g) + H(g) \; ; \; \Delta H°/\text{kJ mol}^{-1} = 360.2$$

結合 N–H を切断するに必要なエネルギーは各段階で異なる.したがって,これら三つの和である原子化熱を,アンモニア分子中の三つの N–H 結合を切断するのに必要なエネルギーと見なして,1172.8 kJ/3 = 391 kJ を N–H 結合の結合エネルギーと定義する.これを記号 E_{N-H} で表すと

$$3E_{N-H} = \Delta_a H°(NH_3)$$
$$= \Delta_f H°(N(g)) + 3\Delta_f H°(H(g)) - \Delta_f H°(NH_3(g))$$

次に,4個の N–H 結合と 1個の N–N 結合をもつヒドラジン分子 N_2H_4 について

$$N_2H_4(g) \longrightarrow 2N(g) + 4H(g); \; \Delta H°/\text{kJ mol}^{-1} = 1722.0$$

表4.1 結合エネルギーの例

結合	E_{i-j}/kJ mol^{-1}	結合	E_{i-j}/kJ mol^{-1}
C–H	413	O–H	464
C–C	348	N–H	391
C=C	615	N–N	158
C–O	350	C–F	485
C=O	743	C–Cl	338

を得て,N–H結合の結合エネルギーはアンモニア分子で得た値に等しいと仮定すると

$$E_{\text{N-N}}/\text{kJ} = 1722 - 4 \times 391 = 158$$

と見積もられる.

このような手続きで求められた結合エネルギーの値のいくつかを表4.1に示す.分子1mol当たりの標準生成エンタルピーは,結合エネルギー E_{i-j} の和と原子の標準生成エンタルピー $\Delta_f H_i^\circ$ の和を用いて,次式で表される.

$$\Delta_f H^\circ \fallingdotseq -\sum E_{i-j} + \sum \Delta_f H_i^\circ \tag{4.3}$$

これを用いて反応熱を推定するときには,反応物と生成物に共通な第2項は相殺されるから,結合エネルギーのみを取り上げればよい.すなわち

$$\Delta H^\circ \fallingdotseq -\sum E_{i-j}(\text{生成物}) + \sum E_{i-j}(\text{反応物}) \tag{4.4}$$

式(4.1)と比較すると,正負の符号が逆になることに注意せよ.

表4.1の結合エネルギーの値は,多くの化合物で成り立つように定めた平均値で,化合物ごとの事情は無視されている.例えば,異性体であるプロピオンアルデヒドとアセトンの $\Delta_f H^\circ$ には,31.5 kJ mol^{-1} の差があるが,結合の種類に差がないので,推定値は同じ -210 kJ mol^{-1} となる.

```
    H H H                           H   H
    | | |                           |   |
  H-C-C-C=O                     H - C - C - C - H
    | |                             |   ||  |
    H H                             H   O   H

 プロピオンアルデヒド                  アセトン
$\Delta_f H^\circ$/kJ mol$^{-1}$ = $-185.6$    $\Delta_f H^\circ$/kJ mol$^{-1}$ = $-217.1$
```

例題 4.3 表 4.1 の結合エネルギーと裏見返しの付表に与えられた C(g) と H(g) の $\Delta_f H°$ の値を用いて，プロパン C_3H_8(g) およびシクロプロパン C_3H_6(g) の $\Delta_f H°$ の値を推定せよ．

[解答] プロパンについては $\Delta_f H°/\text{kJ mol}^{-1} = -(8 \times 413 + 2 \times 348) + (3 \times 716.7 + 8 \times 218.0) = -106$ (測定値は -103.8 kJ mol^{-1})，シクロプロパンについては $\Delta_f H°/\text{kJ mol}^{-1} = -(6 \times 413 + 3 \times 348) + (3 \times 716.7 + 6 \times 218.0) = -64$ (測定値は 53.2 kJ mol^{-1})．後者における著しい不一致は，三角形のシクロプロパン環における炭素原子間の結合角が四面体角 109.5° から大きくずれていて，現実の分子が不安定であることに帰せられる．

例題 4.4 表 4.1 の結合エネルギーを用いて，互いに異性体の関係にあるジメチルエーテル CH_3OCH_3(g) とエタノール C_2H_5OH(g) の間の $\Delta_f H°$ の差を推定せよ．

[解答] 式 (4.4) を用いて，$\Delta H°/\text{kJ mol}^{-1} \fallingdotseq -(5 \times 413 + 348 + 350 + 464) + (6 \times 413 + 2 \times 350) = -49$

(CH_3OCH_3(g) の $\Delta_f H°/\text{kJ mol}^{-1} = -184.1$，$C_2H_5OH$(g) の $\Delta_f H°/\text{kJ mol}^{-1} = -235.1$ を用いると，差は -50.7)．

次に，炭素原子間の単結合と二重結合が交互の配置した環から成り立つ仮想的なベンゼンの生成エンタルピーの計算を試みると，式 (4.3) によって

$\Delta_f H°/\text{kJ mol}^{-1} \fallingdotseq -(6 \times 413 + 3 \times 348 + 3 \times 615) + (6 \times 218.0 + 6 \times 716.7) = 241$

ベンゼンの $\Delta_f H°$ は，例題 4.2 で 82.9 kJ mol^{-1} と求められた．二つの値の間の大きな差は，ベンゼン環を構成する炭素原子間の結合がすべて同等であって，通常の単結合や二重結合のいずれとも異なることの現れである．すなわち，ベンゼンは仮想的なケクレ構造に比べて $83 - 241 = -158$ kJ mol^{-1} だけより安定であり，炭素原子間の結合はより強いと結論される．この安定化 158 kJ mol^{-1} は**共鳴エネルギー**（resonance energy）と呼ばれる．

4.4 エンタルピー変化と温度の関係

標準温度とは異なる温度の反応熱を必要とする場合には，裏見返しの付表に与えられた標準生成エンタルピーに，温度差に伴う補正を加える．標準温度を T_0 とし，反応系1の温度を T_0 から T に変えた後に，温度 T で反応を行う経路と，温度 T_0 で反応を行った後に，生成系2の温度 T_0 を T に変える経路の二つを考える．温度 T_0 の反応系1から温度 T の生成系2に至る間のエンタルピー変化は，いずれの経路をとっても同じである．

$$
\begin{array}{ccc}
\text{温度} & & \Delta H^\circ \\
T_0 & \text{系}1 & \rightarrow & \text{系}2 \\
& \downarrow & & \downarrow \\
T & \text{系}1 & \rightarrow & \text{系}2 \\
& & \Delta H_T^\circ &
\end{array}
$$

反応系1の熱容量を C_{P_1}，生成系2の熱容量を C_{P_2} とすると，次の関係が成り立つ．

$$\Delta H^\circ + \int_{T_0}^{T} C_{P_2} \mathrm{d}T = \int_{T_0}^{T} C_{P_1} \mathrm{d}T + \Delta H_T^\circ$$

反応系1，生成系2それぞれの熱容量 C_P は，系を構成する物質 i の定圧モル熱容量（4.5節参照）を C_{Pi}，化学量論係数を n_i として

$$C_P = \sum n_i C_{Pi}$$

によって求められる．次いで

$$\Delta C_P = C_{P_2} - C_{P_1}$$

とおくと

$$\Delta H_T^\circ = \Delta H^\circ + \int_{T_0}^{T} \Delta C_P \mathrm{d}T \tag{4.5}$$

が得られる．これを**キルヒホッフの式**（Kirchhoff equation）という．この式

の $\Delta H°$ は反応熱, 転移熱のいずれでもよい. もし, C_P が温度に無関係と仮定できるときには, 次式を用いればよい.

$$\Delta H°_T ≒ \Delta H° + \Delta C°_P (T - T_0) \tag{4.6}$$

例題 4.5 アセトンの蒸発熱は 298 K において, 31.3 kJ mol^{-1} である. アセトン (l) とアセトン (g) の定圧モル熱容量はそれぞれ 126.3, 74.5 J K^{-1} mol^{-1} であるとして, 沸点 329 K における蒸発熱を推定せよ.

[解答] $\Delta H°_{329}$/kJ mol^{-1} ≒ 31.3 + (74.5 − 126.3) × (329 − 298) × 10^{-3} = 31.3 − 1.6 = 29.7.

4.5 モル熱容量

ここで前節で用いたモル熱容量について説明しておこう. 3.10 節で体積一定の条件を付けると $q_V = \Delta U$, 3.12 節で圧力一定の条件を付けると $q_P = \Delta H$ であることを知った. 物質 1 mol の温度を 1 K だけ上昇させるに必要な熱は, 体積一定の条件では**定積モル熱容量** (heat capacity at constant volume) と呼ばれ

$$C_V = \frac{dq_V}{dT} = \left(\frac{\partial U}{\partial T}\right)_V \tag{4.7}$$

で, 圧力一定の条件では**定圧モル熱容量** (heat capacity at constant pressure) と呼ばれ

$$C_P = \frac{dq_P}{dT} = \left(\frac{\partial H}{\partial T}\right)_P \tag{4.8}$$

で定義される. 特に, 25 °C, すなわち 298.15 K における C_P を $C°_P$ で表す.

理想気体 1 mol を考え, PV の代わりに RT とおき, T が変化するとすれば

$$\Delta H = \Delta U + R\Delta T \tag{4.9}$$

この関係式は

$$q_P = q_V + R\Delta T$$

とも書けるので，気体の場合には次式が成り立つ．

$$C_P = C_V + R \tag{4.10}$$

例題 4.6 単原子分子からなる気体の定積モル熱容量と定圧モル熱容量はいくらか．

［解答］ 式 (2.9) より，$C_V = 3R/2$，したがって，式 (4.10) により $C_P = 5R/2$．

4.6 理想気体の等温膨張

気体の可逆的等温膨張の際に吸収する熱 q を求める．外界の圧力に逆らって，一定温度で理想気体 n mol が体積 V_1 から V_2 に膨張するときには，その圧力 P は式 (2.6) から導かれる

$$P = \frac{nRT}{V}$$

にしたがって減少する．平衡状態を保ったままで，理想気体が膨張するためには，外界の圧力は気体の圧力に比べて常にわずかに小さく保たれながら減少すると仮定する．理想気体では分子間に相互作用は働かないと仮定されているから，内部エネルギーは体積や圧力には無関係で，温度だけの関数である．温度一定で，$\Delta U = 0$ であれば，仕事に費やされたエネルギーは，熱を吸収することで補われなければならない (3.11 節参照)．すなわち

$$q = -w = \int_{V_1}^{V_2}\left(\frac{nRT}{V}\right)dV = nRT\ln\left(\frac{V_2}{V_1}\right) = nRT\ln\left(\frac{P_1}{P_2}\right) \tag{4.11}$$

例題 4.7 理想気体の可逆的等温膨張においては，$\Delta U = 0$ であるのみならず，$\Delta H = 0$ となることを示せ．

［解答］ $\Delta H = \Delta U + \Delta(PV) = 0 + \Delta(nRT) = 0$

したがって，気体が関与する反応のエンタルピーも圧力の影響は無視できる．

●まとめ

(1) 物質ごとに標準生成エンタルピー $\Delta_f H°$ を定めると，標準状態における反応熱 $\Delta H°$ は式 (4.1)，すなわち

$$\Delta H° = \sum n_i \Delta_f H_i°(\text{生成物}) - \sum n_i \Delta_f H_i°(\text{反応物})$$

で求められる．

(2) 標準温度 $T°$ とは異なる温度 T のときの反応熱 $\Delta H_T°$ は，各物質の定圧モル熱容量 $C_{Pi}°$ を用いて

$$\Delta C_P° = \sum n_i C_{Pi}°(\text{生成物}) - \sum n_i C_{Pi}°(\text{反応物})$$

を求めた後，式 (4.6)，すなわち

$$\Delta H_T° \fallingdotseq \Delta H° + \Delta C_P°(T - T_0)$$

によって計算される．

問題

4.1 裏見返しの付表に与えられた $\Delta_f H°$ の値を用いて，次の反応の 25 ℃ における反応熱を求めよ．

$$3\,\text{CuO(s)} + 2\,\text{NH}_3(\text{g}) \longrightarrow 3\,\text{Cu(s)} + 3\,\text{H}_2\text{O(l)} + \text{N}_2(\text{g}).$$

4.2 裏見返しの付表に与えられた $\Delta_f H°$ の値を用いて，メタノール CH_3OH(l) と酢酸 CH_3COOH(l) から酢酸メチル $\text{CH}_3\text{COOCH}_3$(l) と H_2O(l) を生成するときの反応熱 $\Delta H°$ を求めよ．

4.3 酢酸メチル $\text{C}_3\text{H}_6\text{O}_2$ の燃焼熱は -1592.6 kJ である．これより酢酸メチルの $\Delta_f H°$ を求めよ．

4.4 黒鉛の燃焼熱 $\Delta_c H°/\text{kJ mol}^{-1} = -393.5$，ダイヤモンドの燃焼熱 $\Delta_c H°/\text{kJ mol}^{-1} = -395.4$ を用いて，ダイヤモンドから黒鉛への転移によるエンタルピー変化の値を求めよ．

4.5 アセチレン $\text{C}_2\text{H}_2(\text{g})$ の燃焼熱 $\Delta_c H°/\text{kJ mol}^{-1} = -1299.5$，およびベンゼン

$C_6H_6(g)$ の燃焼熱 $\Delta_cH°/\text{kJ mol}^{-1} = -3301.3$ を用いて，反応 $3\,C_2H_2(g) \to C_6H_6(g)$ の $\Delta H°$ および ΔU を求めよ．

4.6 次の一定温度に保った熱 HF 水溶液への溶解熱 ΔH の値を用いて，反応 $2\,\text{MgO}(s) + \text{SiO}_2(s) \to \text{Mg}_2\text{SiO}_4(s)$ の $\Delta H°$ の値を求めよ．また，なぜ 298 K とは異なる一定温度での溶解熱でよいのかを考察せよ．

$\text{MgO}(s, 298\,\text{K}) + 2\,\text{HF}(aq) \to \text{MgF}_2(aq) + \text{H}_2\text{O}(aq)$　　　　$\Delta H = -162.1\,\text{kJ}$

$\text{SiO}_2(s, 298\,\text{K}) + 6\,\text{HF}(aq) \to \text{H}_2\text{SiF}_6(aq) + 2\,\text{H}_2\text{O}(aq)$　　　$\Delta H = -148.2\,\text{kJ}$

$\text{Mg}_2\text{SiO}_4(s, 298\,\text{K}) + 10\,\text{HF}(aq) \to 2\,\text{MgF}_2(aq) + \text{H}_2\text{SiF}_6(aq) + 4\,\text{H}_2\text{O}(aq)$

$\Delta H = -399.1\,\text{kJ}$

4.7 裏見返しの付表に与えられた $\Delta_fH°$ の値を用いて，$\text{H}_2\text{O}(g) \to \text{O}(g) + 2\,\text{H}(g)$ の反応熱の 1/2 で定義される O-H の結合エネルギー E を求めよ．

4.8 表 4.1 の結合エネルギーと裏見返しの付表に与えられた原子の $\Delta_fH°$ の値を用いて，エタノール $C_2H_5\text{OH}(g)$ の $\Delta_fH°$ を推定せよ．

4.9 表 4.1 の結合エネルギーと裏見返しの付表に与えられた原子の $\Delta_fH°$ の値を用いて，ナフタレン (g) の $\Delta_fH°$ と共鳴エネルギーを推定せよ．なお，ナフタレン (g) の $\Delta_fH°$ の測定値は $150.6\,\text{kJ mol}^{-1}$ である．

4.10 表 4.1 の結合エネルギーと裏見返しの付表に与えられた原子の $\Delta_fH°$ の値を用いて，シクロブタン C_4H_8 とシクロヘキサン C_6H_{12} の $\Delta_fH°$ を推定せよ．なお，測定値はそれぞれ $26.6\,\text{kJ mol}^{-1}$ と $-123.1\,\text{kJ mol}^{-1}$ である．

4.11 水の蒸発熱は 1 atm, 25 °C において $44.0\,\text{kJ mol}^{-1}$ である．裏見返しの付表に与えられた $\text{H}_2\text{O}(l)$ と $\text{H}_2\text{O}(g)$ の $C_P°$ の値を用いて，100 °C における蒸発熱の値を推算せよ．

4.12 0 °C における氷の融解熱を $6008\,\text{J mol}^{-1}$，氷の C_P を $36.4\,\text{J K}^{-1}\text{mol}^{-1}$，水の C_P を $75.9\,\text{J K}^{-1}\text{mol}^{-1}$ として，融解熱 ΔH を絶対温度 T の関数として表す近似式を求めよ．さらに，$-10\,°C$ に過冷却された水の凝固熱 ($\text{H}_2\text{O}(l, -10\,°C) = \text{H}_2\text{O}(s, -10\,°C)$ の ΔH) の値を推定せよ．

4.13 裏見返しの付表に与えられた $\Delta_fH°$ の値を用いて，次の反応の 25 °C における反応熱を求めよ．

$$\text{CaCO}_3(s) \to \text{CaO}(s) + \text{CO}_2(g)$$

さらに，$C_P°$ の値を用いて，1000 K における同じ反応の $\Delta H°_{1000}$ の値を推定せよ．

4.14 二原子分子からなる気体の C_P はいくらか．その結果を裏見返しの付表にある相当する値と比較せよ．

5. 自発変化とエントロピー

　反応による発熱が著しく大きいとき，その化学反応は自発的に起こることは，よく知られた事実である．しかし，エンタルピーの正負は反応が起こる方向を判断する基準としては明らかに不十分で，自発的に起こる吸熱反応もある．本章の話題は，次章のギブズエネルギーに到達するに不可欠なエントロピーの概念である．

5.1　自発変化と熱力学の第二法則

　高温度の物体から低温度の物体への熱の移動は自然な変化である．このように自発的に進む変化を**自発変化**（spontaneous change）と名付ける．逆方向に熱を移動させることは不可能ではないが，それには仕事を必要し，自発的とはいえない．次に，自発変化の例をあげてみよう．

(1) 初め容器の一部しか占めていなかった気体は，容器全体を満たすように直ちに膨張する．この現象は気体は真空中に自発的に膨張すると表現される．逆方向の変化，すなわち気体の自発的収縮は起きない．

(2) 気体 A と B がそれぞれ別の容器に入れられているとしよう．容器を互いに連結すると，気体 A と B は次第に交じりあって，最後には均一な混合物となる．均一な混合物から，二つの気体への分離は自発的には起きない．

(3) ビーカー中の水に食塩の塊を加えると均一な溶液を生じる．逆に溶液から食塩の塊が自発的に分離することはない．

このような自発変化の方向を規定するのが**熱力学の第二法則**（second law of thermodynamics）で「高温度の物体から低温度の物体に，他の何の変化をも残さずに，熱を移動させる過程は不可逆である」というのは，その表現の一つである．

5.2　第二法則とエントロピー

熱力学の第二法則の定量的表現は，次式で定義される新たな状態量

$$dS = \frac{dq_{rev}}{T} \tag{5.1}$$

エントロピー（entropy）S を用いて得られる．q_{rev} は温度 T において系に可逆的に供給された熱である．第二法則によると，エネルギー，物質ともに出入りがない孤立系では次式が成り立つ．

$$dS \geq 0 \tag{5.2}$$

不等号は不可逆を意味する．例えば，温度 T_1 の物体から温度 T_2 の物体に熱 q が移されたとすると，$\Delta S = q/T_2 - q/T_1$ である．$T_1 > T_2$ であれば，熱は自発的に移動し，明らかに ΔS は正である．

孤立系では，化学反応により発生または吸収される熱によって，系の温度が変化する．すなわち，系は定温にも，定圧にも保たれない．閉じた系を取り扱う化学に，式（5.2）の条件は直接役に立つものではない．しかし，次章に述べるように，エントロピーは化学反応の考察に重要なギブズエネルギーを導くに不可欠な量である．

5.3　エントロピーの増加

融解，蒸発など一定温度 T で起こる相転移では，エンタルピーの増加 ΔH とエントロピーの増加 ΔS の間には，次式の関係がある．

$$\Delta S = \frac{\Delta H}{T} \tag{5.3}$$

一定圧力の下，温度変化に伴う ΔS を求めるには，式 (4.8) を変形した $\mathrm{d}q_P = C_P \mathrm{d}T$ を用い

$$\mathrm{d}S = \left(\frac{C_P}{T}\right)\mathrm{d}T$$

を得て，その温度 T_1 から T_2 の定積分である次式を用いる．

$$\Delta S = \int_{T_1}^{T_2} \left(\frac{C_P}{T}\right)\mathrm{d}T \tag{5.4}$$

温度が室温近く，またはそれ以上の範囲にあれば，C_P の温度変化は小さいので $C_P \fallingdotseq C_P^\circ$ と見なして，次式を用いればよい．

$$\Delta S \fallingdotseq C_P^\circ \ln\left(\frac{T_2}{T_1}\right) \tag{5.5}$$

例題 5.1 1 atm，0 ℃ にある氷 1 mol の融解熱は 6.008 kJ mol^{-1}，0 ℃ から 100 ℃ の温度範囲における平均定圧モル熱容量は 75.3 J K^{-1} mol^{-1}，水の蒸発熱は 100 ℃ で 40.66 kJ mol^{-1} である．0 ℃ の氷を 100 ℃ の水蒸気にするまでのエントロピー変化はいくらか．

［解答］ 氷の融解については，$\Delta S_1/\mathrm{J\,K^{-1}\,mol^{-1}} = 6.008 \times 10^3/273.15 = 22.00$．

次に，温度上昇に伴うエントロピー変化は，$\Delta S_2/\mathrm{J\,K^{-1}\,mol^{-1}} = 75.3 \times \ln(373.15/273.15) = 23.49$．

最後の蒸発については，$\Delta S_3/\mathrm{J\,K^{-1}\,mol^{-1}} = 40.66 \times 10^3/373.15 = 108.96$．

全エントロピー変化 ΔS は 154.45 J K^{-1} mol^{-1} となる．

例題 5.2 前問で求めた 0 ℃ における氷の融解のエントロピー変化と氷の C_P 36.4 J K^{-1} mol^{-1}，水の C_P 75.9 J K^{-1} mol^{-1} を用いて，不可逆変化 $\mathrm{H_2O(l, -10\,℃)} \to \mathrm{H_2O(s, -10\,℃)}$ の ΔS を推定せよ．

［解答］ 凝固の ΔS は融解の場合の値に負号を付して，$\Delta S/\mathrm{J\,K^{-1}\,mol^{-1}} = -22.00 - (75.9 - 36.4) \times \ln(263.15/273.15) = -20.54$．

熱の出入りがある閉じた系では，ΔS は正にも負にもなりうる．これを孤立系と見なすには，外界を考察に含めればよい（3.4 節参照）．可逆過程であれば，外界の ΔS は閉じた系の ΔS と大きさは等しく，符号が逆であるから，孤立系としては ΔS は 0 となり，式 (5.2) を満足する．しかし，例題 5.2 で

扱った過冷却の水の凝固は不可逆過程であるから,孤立系としては $\Delta S>0$ となる.すなわち,$-10\,°\mathrm{C}$ の外界が問題 4.12 で求めた凝固熱 $5613\,\mathrm{J\,mol^{-1}}$ を受け取ると,$\Delta S=21.33\,\mathrm{J\,K^{-1}mol^{-1}}$ である.これは例題 5.2 で求めた過冷却の水の凝固による負の ΔS を打ち消して余りある値で,$\Delta S>0$ を満足する.

5.4 気体の混合とエントロピー

一定温度において,理想気体の体積が V_1 から V_2 へ変化したとき,エントロピー変化は式 (4.11) の q を用いて

$$\Delta S = \frac{q}{T} = nR\ln\left(\frac{P_1}{P_2}\right) = nR\ln\left(\frac{V_2}{V_1}\right) \tag{5.6}$$

で表される.したがって,$V_2>V_1$ ならば,$\Delta S>0$ となる.すなわち,気体のエントロピーは膨張によって増大する.図 5.1 はこれを模式的に表したものである.

次に,温度 T,圧力 P で,$n_\mathrm{A}\,\mathrm{mol}$ の気体 A が体積 V_A を占め,同じ条件で $n_\mathrm{B}\,\mathrm{mol}$ の気体 B が体積 V_B を占めているとしよう.混合すると,気体 A は体積 V_A から $V_\mathrm{A}+V_\mathrm{B}$ へ,気体 B は V_B から $V_\mathrm{A}+V_\mathrm{B}$ へそれぞれ等温膨張する(図 5.2 参照).したがって,エントロピー変化は式 (5.6) を気体 A,B それぞれに適用して

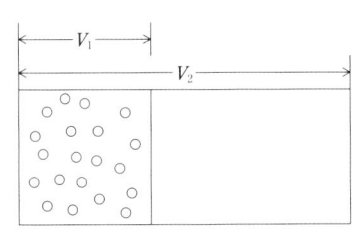

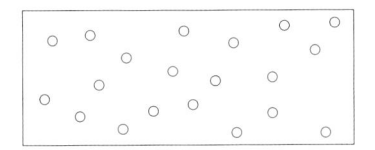

図 5.1 気体の膨張(模式図)

5.4 気体の混合とエントロピー

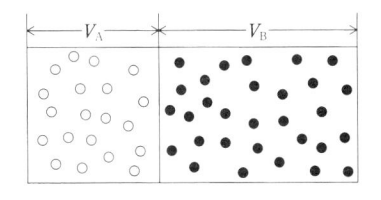

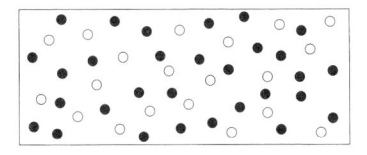

図5.2 気体AとBの混合（模式図）

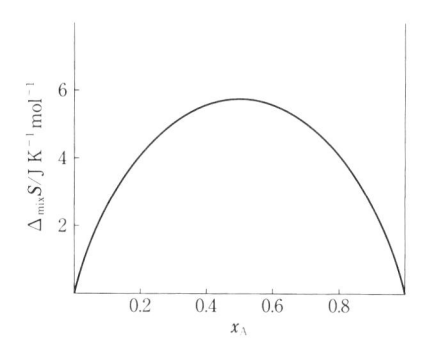

図5.3 気体AとBの混合エントロピー $\Delta_\text{mix}S$ とモル分率 x_A の関係

$$\Delta_\text{mix}S = n_\text{A} R \ln\frac{V_\text{A}+V_\text{B}}{V_\text{A}} + n_\text{B} R \ln\frac{V_\text{A}+V_\text{B}}{V_\text{B}}$$

となる．各気体のモル分率を x_A, x_B とすると

$$x_\text{A} = \frac{n_\text{A}}{n_\text{A}+n_\text{B}} = \frac{V_\text{A}}{V_\text{A}+V_\text{B}}$$

$$x_\text{B} = \frac{n_\text{B}}{n_\text{A}+n_\text{B}} = \frac{V_\text{B}}{V_\text{A}+V_\text{B}} = 1 - x_\text{A}$$

であるから，これらを代入すると

$$\Delta_\text{mix}S = -(n_\text{A}+n_\text{B}) R (x_\text{A}\ln x_\text{A} + x_\text{B}\ln x_\text{B}) \tag{5.7}$$

特に $n_\text{A}+n_\text{B}=1$ とすれば，次式が得られる．

$$\Delta_\text{mix}S = -R[x_\text{A}\ln x_\text{A} + (1-x_\text{A})\ln(1-x_\text{A})] \tag{5.8}$$

$\ln x_\text{A}$, $\ln(1-x_\text{A})$ はともに負であるから，混合のエントロピー変化は正となる．x_A による $\Delta_\text{mix}S$ の変化を図5.3に示す．

例題 5.3 裏見返しの付表によると，$H_2O(l)$ と $H_2O(g)$ の $S°$ の差は 118.8 J K^{-1} mol^{-1} である．現実に 25 °C で $H_2O(l)$ と平衡にある $H_2O(g)$ の蒸気圧は 23.8 mmHg であって，760 mmHg ではない．この互いに平衡にある $H_2O(l)$ と $H_2O(g)$ の間のエントロピーの差を推算せよ．

[解答] 式 (5.6) を用いて，圧力を変えたことによるエントロピー変化を求めると，$8.314 \times \ln(760/23.8) = 28.8 \, \mathrm{J \, K^{-1} \, mol^{-1}}$ を得る．これを 118.8 に加算して $\Delta S / \mathrm{J \, K^{-1} \, mol^{-1}} = 147.6$，この値が水と水蒸気の標準生成エンタルピーの差，$44.0 \, \mathrm{kJ \, mol^{-1}}$ を 298 K で割った値に一致する．

例題 5.4 2種の気体を 2：1 の割合で混合した場合，混合気体 1 mol 当たりのエントロピー変化はいくらか．

[解答] 式 (5.8) に $x_A = 1/3$ を代入すると，$\Delta_{\mathrm{mix}} S / \mathrm{J \, K^{-1} \, mol^{-1}} = 5.29$．

5.5　熱力学の第三法則

ネルンスト（W. Nernst, 1864-1941）の熱定理と呼ばれた仮説に始まり，**プランク**（M. Planck, 1858-1947）によって提案された「純粋で完全な結晶性固体のエントロピーを 0 K では 0 と仮定する」を**熱力学の第三法則**（third law of thermodynamics）という．結晶の欠陥，H_2O，CO，N_2O 分子などの向きの乱れ，同位体の存在があると，0 K でもエントロピーは 0 にはならない．これを**残余エントロピー**（residual entropy）という．残余エントロピーの大きさは，温度に無関係である．

ネルンストと熱定理

「熱化学における研究」で 1920 年度のノーベル化学賞を受賞したネルンストは機知に富んだ人柄で，次のような理由で彼の熱定理に続く新たな熱力学の法則はないと唱えた．第一法則はマイヤー，ジュール，ヘルムホルツの 3 人によって，第二法則はカルノーとクラウジウスの 2 人によって，3 番目はネルンスト 1 人によって発見された．この関係を補外すると 4 番目の法則が存在する可能性はない．

5.6　標準エントロピー

第三法則を適用すると，任意の温度 T におけるエントロピー S_T は，定圧

5.6 標準エントロピー

熱容量 C_P と転移熱 $\Delta_{\mathrm{tr}} H$ を用いて，次式によって与えられる．

$$S_T = \int_0^T \left(\frac{C_P}{T}\right) \mathrm{d}T + \sum \frac{\Delta_{\mathrm{tr}} H}{T_{\mathrm{tr}}} \tag{5.9}$$

したがって，エントロピー S は，固体＜液体＜気体の順に，また，それぞれの相では温度が上昇するほど増大する．図 5.4 は C_P/T と T の関係，図 5.5 は S と T の関係を模式的に表したものである．

標準状態（25 ℃，100 kPa）における物質 1 mol のエントロピーを**標準エントロピー**（standard entropy）と呼んで $S°$ で表す．その値は $\Delta_{\mathrm{f}} H°$ とともに裏見返しの付表に示されている．そして，化学反応によるエントロピー変化 $\Delta S°$ は次式で求められる．

$$\Delta S° = \sum n_i S_i°(生成物) - \sum n_i S_i°(反応物) \tag{5.10}$$

同じ表に示されていても，$\Delta_{\mathrm{f}} H°$ とは異なり，単体の $S°$ の値は 0 でないことに注意しよう．

例題 5.5 次の化学方程式が表す変化によって，エントロピーは増大する

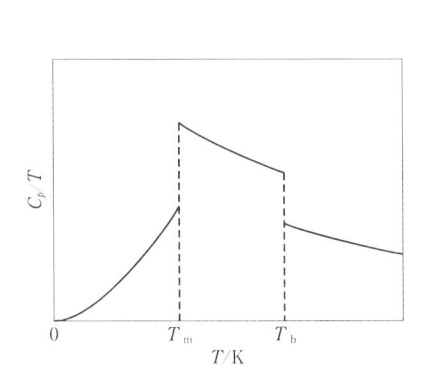

図 5.4 C_P/T と絶対温度 T の関係（模式図）

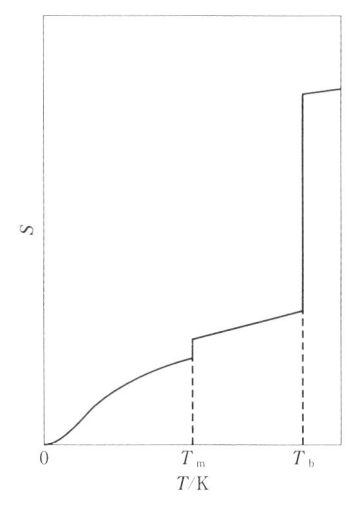

図 5.5 エントロピー S と絶対温度 T の関係（模式図）

か, 減少するかを推定せよ.
 (a) $N_2O_4(l) \longrightarrow 2\,NO_2(g)$
 (b) $NH_3(g) + HCl(g) \longrightarrow NH_4Cl(s)$
 (c) $4\,Fe(s) + 3\,O_2(g) \longrightarrow 2\,Fe_2O_3(s)$
 (d) $H_2O(s) \longrightarrow H_2O(l)$
 (e) $2\,NH_3(g) \longrightarrow N_2(g) + 3\,H_2(g)$

［解答］ (a) 気体の発生により増大, (b) と (c) 気体の消滅により減少, (d) 固体から液体への変化により増大, (e) 気体の体積の増大により増大.

例題 5.6 裏見返しの付表に与えられた $S°$ の値を用いて, 次の化学反応におけるエントロピー変化を求めよ.

$$NH_3(g) + \frac{3}{4}O_2(g) \longrightarrow \frac{1}{2}N_2(g) + \frac{3}{2}H_2O(l)$$

［解答］ $\Delta S°/J\,K^{-1} = 191.5/2 + 3\times 69.9/2 - 192.3 - 3\times 205.0/4 = -145.5$.

5.7 乱雑さの目安

エントロピーは系の**乱雑さの目安** (meaure of disorder) といわれる. その具体的内容を次にまとめておこう. 先に, 5.1 節での (1), (2), (3) として取り上げた自発変化は乱雑さを増大させる.

(1) 物質の相が熱を吸収して, 固体→液体→気体と変化するとき, すなわち, 融解, 蒸発, あるいは昇華によってエントロピーは不連続的に増大する (式 (5.3) および図 5.5 参照). 図 5.6 は三つの状態における乱雑さを模式的に示すものである.

(2) 物質が一つの相にあるとき, 温度が高いほど, 熱運動は激しく, エントロピーは温度が上昇によって連続的に増大する (式 (5.4) 参照).

(3) 気体が膨張すると, エントロピーは増大する (式 (5.6) および図 5.1 参照).

(4) 気体の混合によってエントロピーは増大する (式 (5.7) および図 5.2 参照). 9 章および 10 章で述べる溶液は混合気体に比べると格段と複雑な話題である. 5.1 節の (3) の食塩の代わりに他の物質を溶解した場合,

5.7 乱雑さの目安　　55

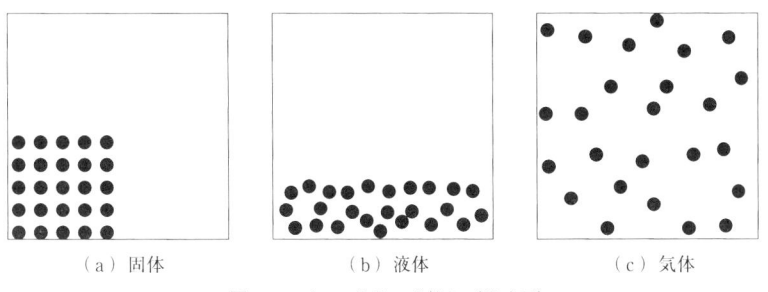

（a）固体　　　　　（b）液体　　　　　（c）気体

図 5.6　三つの状態の乱雑さ（模式図）

溶媒との間に強い相互作用が働いて，標準エントロピーが減少することもある（問題 11.10 参照）．

(5)　化学反応によって，気体が発生あるいは増加するときには，エントロピーは増大する．

● まとめ

(1)　孤立系では，熱力学の第二法則は式（5.2）に要約される．

$$dS \geqq 0$$

(2)　一定温度で，系が熱を吸収する相転移があると，エントロピーは不連続的に増大する．その大きさは式（5.3）で与えられる．すなわち

$$\Delta S = \frac{\Delta H}{T}$$

である．

(3)　相転移がなくても，系の温度が T_1 から T_2 に上昇するとき，エントロピーは増大する．それは式（5.5）で近似される．すなわち

$$\Delta S \fallingdotseq C_P^\circ \ln\left(\frac{T_2}{T_1}\right)$$

である．

問　題

5.1 二原子分子からなる理想気体 1 mol を，圧力一定で 298 K から 373 K まで加熱したとき，エントロピーはいくら増大するか．

5.2 酢酸の融点は 16.6 ℃，その 1 mol の融解熱は 11.7 kJ，C_P は固相では 77.0 J K^{-1} mol^{-1}，液相では 123.4 J K^{-1} mol^{-1} である．酢酸を 0 ℃ から 30 ℃ まで加熱する間のエントロピー変化を推算せよ．

5.3 100 ℃ における水の蒸発のエントロピーは 108.96 J K^{-1} mol^{-1}，水の C_P は 75.9 J K^{-1} mol^{-1}，水蒸気の C_P は 37.1 J K^{-1} mol^{-1} である．$H_2O(l, 90\,℃) \rightarrow H_2O(g, 90\,℃)$ のエントロピー変化を推算せよ．

5.4 $Br_2(l)$ と $Br_2(g)$ の $S°$ の差は 93.2 J K^{-1} mol^{-1} であり，現実に $Br_2(l)$ と平衡にある $Br_2(g)$ の蒸気圧は 214 mmHg である．この互いに平衡にある $Br_2(l)$ と $Br_2(g)$ の間のエントロピーの差を推算せよ．

5.5 裏見返しの付表に与えられた $S°$ の値を用いて，次の反応による $\Delta S°$ を求めよ．$CaCO_3(s) \rightarrow CaO(s) + CO_2(g)$

5.6 前問で得た $\Delta S°$ と付表に与えられた $C_P°$ の値を用いて，1000 K におけるこの反応によるエントロピー変化を推定せよ．

5.7 次の化学方程式が表す変化によって，エントロピーは増大するか，減少するかを判定せよ．
 (a) $H_2O(g) + CaO(s) \rightarrow Ca(OH)_2(s)$
 (b) $SOCl_2(l) + H_2O(l) \rightarrow SO(g) + 2 HCl(g)$
 (c) $CuSO_4 \cdot 5 H_2O(s) \rightarrow CuSO_4(s) + 5 H_2O(g)$
 (d) $2 NO(g) + Cl_2(g) \rightarrow 2 NOCl(g)$
 (e) $CaC_2(s) + 2 H_2O(l) \rightarrow C_2H_2(g) + Ca(OH)_2(s)$

6. ギブズエネルギー

　温度，圧力ともに一定の条件下で，化学変化が自発的に起こる方向を示す状態量であるギブズエネルギーを本章で取り入れる．これは系のエントロピーに関係した束縛エネルギーをエンタルピーから差し引いた残りのエネルギーで，自由エネルギーとも呼ばれる．

6.1　ギブズエネルギーと第二法則

　化学反応など何らかの変化のため，閉じた系が外界からエンタルピー ΔH を吸収し，系のエントロピーが ΔS だけ増加したとしよう．外界におけるエントロピーの増加は $-\Delta H/T$ である．閉じた系と外界を一括して孤立系と見なし，その ΔS を考察すると，式 (5.2) によって

$$\Delta S - \frac{\Delta H}{T} \geqq 0$$

となる．温度 T は必ず正であるから，熱力学の第二法則からの結論として

$$\Delta H - T\Delta S \leqq 0 \tag{6.1}$$

が得られる．他方，可逆的になされる仕事を $\mathrm{d}w_{\mathrm{rev}}$ とすると，式 (3.5) により

$$\mathrm{d}U = \mathrm{d}q_{\mathrm{rev}} + \mathrm{d}w_{\mathrm{rev}} \tag{6.2}$$

これに式 (5.1) を代入して並べ直すと，次式が得られる．

$$dw_{rev} = dU - TdS$$

圧力一定で系に体積変化 PdV があるときには，上式にこれを付け加えた

$$dw_{rev} = dU + PdV - TdS = dH - TdS \tag{6.3}$$

が可逆的になされる仕事となる．この関係式は ΔH のうち $T\Delta S$，言い換えれば，乱雑さの増大に伴うエネルギーだけは，仕事に変わらないことを示している．したがって，次式で定義される**ギブズエネルギー** (Gibbs energy) G が，温度および圧力一定として，体積変化を認めた系を扱うときに，仕事に変えられるエネルギーである．

$$G = H - TS \tag{6.4}$$

ギブズエネルギーを用いると，温度，圧力一定の条件で系を取り扱う場合に有用な第二法則の表現は，式 (6.1) により

$$dG \leqq 0 \tag{6.5}$$

となる．式 (5.2) とは不等号の向きが逆であることに注意しよう．

一定温度，一定圧力における変化の ΔG は次式で与えられる．

$$\Delta G = \Delta H - T\Delta S \tag{6.6}$$

融点，沸点などの転移温度においては，二つの状態は平衡にある．したがって，この場合の ΔG は 0 で，式 (5.3) が成り立つ．

例題 6.1 裏見返しの付表に与えられた $\Delta_f H°$ と $S°$ の値を用いて，H_2O (l) と H_2O(g) の $\Delta_f G°$ を求めよ．25℃，1 atm においては両者は平衡状態にないことを確かめよ．

[解答] H_2O(l) の $\Delta_f G°/\text{kJ mol}^{-1}$ は，H_2(g)$+½ O_2$(g)$\rightarrow H_2O$(l) の $\Delta G°$ によって算出される．$\Delta H°/\text{kJ mol}^{-1} = -285.8$，$\Delta S°/\text{J K}^{-1}\text{mol}^{-1} = 69.9 - 130.6 - 205.0/2 = -163.2$ を用いて，$\Delta_f G°/\text{kJ mol}^{-1} = -237.2$，同様にして，$H_2O$(g) の $\Delta_f G°/\text{kJ mol}^{-1} = -241.8 - (188.7 - 130.6 - 205.0/2) \times 10^{-3} \times$

$298 = -228.6$，液体の方が安定で，$8.6\,\text{kJ mol}^{-1}$ の差がある．

6.2 化学反応とギブズエネルギー変化

G の絶対値は知ることができない．ΔH の場合と同様に，**標準生成ギブズエネルギー** (standard Gibbs energy of formation) $\Delta_\text{f} G°$ を定義して，単体の標準生成ギブズエネルギーの値は 0 と定める．化合物がある程度大きな正の $\Delta_\text{f} G°$ の値をもつことは，25 ℃，100 kPa において，事実上，単体から生成しないことを意味する（次章の表 7.2 参照）．

化学反応に伴う $\Delta G°$ は次式によって求められる．

$$\Delta G° = \sum n_i \Delta_\text{f} G_i°(\text{生成物}) - \sum n_i \Delta_\text{f} G_i°(\text{反応物}) \tag{6.7}$$

例えば，反応

$$\frac{1}{2}\text{Cl}_2(\text{g}) + \text{O}_2(\text{g}) \longrightarrow \text{ClO}_2(\text{g})$$

の $\Delta G°$ は $\text{ClO}_2(\text{g})$ の $\Delta_\text{f} G°$ に等しく，その値は $120.5\,\text{kJ mol}^{-1}$ と大きく正であるから，単体からの生成は考えられない．しかし，次の反応を用いれば

$$\text{AgClO}_3(\text{s}) + \frac{1}{2}\text{Cl}_2(\text{g}) \longrightarrow \text{ClO}_2(\text{g}) + \frac{1}{2}\text{O}_2(\text{g}) + \text{AgCl}(\text{s})$$

反応の $\Delta G°$ の値は負（$-53.8\,\text{kJ}$）となって，純粋な黄緑色の気体である ClO_2 を得ることができる．もちろん，成分である単体に比べて不安定で，液体（沸点 11 ℃）や濃厚な気体は爆発的に分解する．なお，正の $\Delta_\text{f} G°$ をもつ $\text{AgClO}_3(\text{s})$ の合成については，例題 11.8 を参照せよ．

式 (6.6) から明らかなように，ある温度で ΔG が負であっても，ΔH，ΔS がともに負で，ΔS が比較的大きい場合には，温度を上げることにより，ΔG の符号は負から正に変化する．気体物質の S は一般に大きいから，気体の量が顕著に減少する反応で，このような変化が見られる（例題 6.4 参照）．逆に，標準状態では ΔG が正であっても，ΔH，ΔS がともに正であれば，温度の上昇によって ΔG は負の方向へ変化する可能性がある．例えば，反応

$$\text{CrCl}_3(\text{s}) + \frac{1}{2}\text{H}_2(\text{g}) \longrightarrow \text{CrCl}_2(\text{s}) + \text{HCl}(\text{g})$$

の $\Delta G°$ は 298 K では 34.8 kJ であるが,式 (6.6) に立ち戻ると

$$\Delta G°_T/\text{kJ} \fallingdotseq 68.8 - 0.1138\,T$$

で表され,およそ 600 K 以上では $\Delta G°$ は負になると予想される.もちろん ΔH が負(発熱)であり,$\Delta S \geqq 0$,言い換えれば,乱雑さを増す化学反応,例えば

$$2\,\text{O}_3(\text{g}) \longrightarrow 3\,\text{O}_2(\text{g})$$

$$\text{H}_2(\text{g}) + \text{F}_2(\text{g}) \longrightarrow 2\,\text{HF}(\text{g})$$

の ΔG は温度に関係なく負である.

ΔG が負になっても,変化の速度はまったく別の問題である.例えば

$$\text{NO}(\text{g}) \longrightarrow \frac{1}{2}\,\text{N}_2(\text{g}) + \frac{1}{2}\,\text{O}_2(\text{g})$$

の $\Delta G°$ は -86.6 kJ mol^{-1} であるにもかかわらず,室温では反応速度はきわめて遅く,反応を進行させるには触媒を必要とする.

例題 6.2 裏見返しの付表に与えられた $\Delta_f H°$ と $S°$ の値を用いて,次の二つの反応の $\Delta G°$ の値を求めよ.
 (a) $\text{CO}(\text{g}) + \text{H}_2\text{O}(\text{l}) \longrightarrow \text{HCOOH}(\text{l})$
 (b) $\text{CO}(\text{g}) + \text{NaOH}(\text{s}) \longrightarrow \text{HCOONa}(\text{s})$
[解 答] (a) $\Delta G°/\text{kJ} = (-424.7 + 110.5 + 285.8) - (129.0 - 197.6 - 69.9) \times 298 \times 10^{-3} = 12.9$, (b) $\Delta G°/\text{kJ} = (-666.5 + 110.5 + 425.6) - (103.8 - 197.6 - 64.5) \times 298 \times 10^{-3} = -83.2$. したがって,反応 (a) によってギ酸を生じることはないが,反応 (b) によってナトリウム塩は生成する.これに希酸を働かせれば,ギ酸は得られる.

6.3 ギブズエネルギーと温度および圧力の関係

平衡状態にあって $\text{d}G = 0$,すなわち $\text{d}w_{\text{rev}} = 0$ のときには,式 (6.3) より次式が得られる.

6.3 ギブズエネルギーと温度および圧力の関係

$$dU = TdS - PdV \tag{6.8}$$

H を定義した式（3.8）の微分

$$dH = dU + PdV + VdP$$

と式（6.8）を組み合わせると

$$dH = TdS + VdP \tag{6.9}$$

が得られ，これを G を定義した式（6.4）の微分

$$dG = dH - TdS - SdT$$

に代入すると次式が得られる．

$$dG = VdP - SdT \tag{6.10}$$

式（6.10）の偏導関数（付録．数学の知識を参照せよ）を求めると

$$\left(\frac{\partial G}{\partial P}\right)_T = V \tag{6.11}$$

$$\left(\frac{\partial G}{\partial T}\right)_P = -S \tag{6.12}$$

これら二つの関係を模式的に図 6.1 に示す．

熱力学の第三法則により，$T \to 0$ となると $S \to 0$，したがって，$G \to H$ となるとともに，いずれの温度勾配も 0 となる．図 6.2 はこの関係を模式的に描い

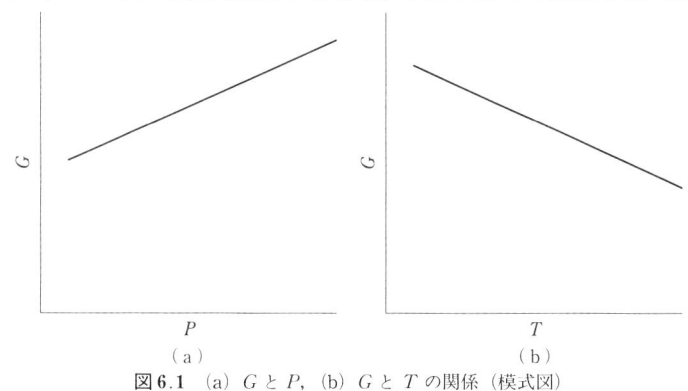

図 6.1 (a) G と P，(b) G と T の関係（模式図）

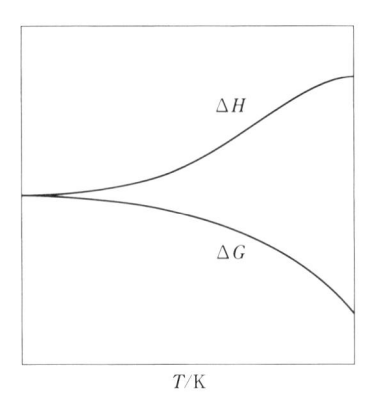

図6.2 $T=0\,\mathrm{K}$ 近くでのエンタルピー H とギブズエネルギー G の温度変化(模式図)
この図中のΔは0Kにおける値との差を意味する.

たものである.

G の代わりに ΔG を取り上げると,式(6.10)は次のように書ける.

$$\mathrm{d}\Delta G = \Delta V \mathrm{d}P - \Delta S \mathrm{d}T \tag{6.13}$$

これより次の偏導関数が得られる.

$$\left(\frac{\partial \Delta G}{\partial P}\right)_T = \Delta V \tag{6.14}$$

$$\left(\frac{\partial \Delta G}{\partial T}\right)_P = -\Delta S \tag{6.15}$$

例題 6.3 裏見返しの付表に与えられた $H_2O(g)$ と $H_2O(l)$ の $\Delta_f H^\circ$ と S° の値を用いて,水の沸点を推定せよ.

[解答] 蒸発に伴う $\Delta H^\circ/\mathrm{kJ\,mol^{-1}} = -241.8 + 285.8 = 44.0$,$\Delta S^\circ/\mathrm{J\,K^{-1}\,mol^{-1}} = 188.7 - 69.9 = 118.8$,$\Delta G \fallingdotseq 44.0 - 118.8 \times 10^{-3} T$,$\Delta G = 0$ とする T を求めて,$T \fallingdotseq 370\,\mathrm{K}$(正確な値は 373 K).

例題 6.4 裏見返しの付表に与えられた $\Delta_f H^\circ$ と S° の値を用いて,反応
$$\mathrm{Ni(s)} + 4\,\mathrm{CO(g)} = \mathrm{Ni(CO)_4(g)}$$

の 298 および 498 K における $\Delta G°$ の値を推定せよ．

[解答] $\Delta G°/\mathrm{kJ} = (-602.9-4\times110.5)-(410.5-29.9-4\times197.6)\times10^{-3}\times298 = -160.9-(-0.4098)\times298 = -38.8$．モル熱容量の使用を指示されていないから，$\Delta H°$ と $\Delta S°$ は温度に無関係とする近似を用いて，$\Delta G°_{498}/\mathrm{kJ} \approx -160.9-(-0.4098)\times498 = +43.2$．

これらの結果より，298 K ではテトラカルボニルニッケルの生成反応が進行するが，498 K ではテトラカルボニルニッケルの分解反応が起こると期待される．この事実はニッケルの精製に利用された．

もし，ΔV が気体の量の変化 Δn によるときには

$$\Delta V = \frac{\Delta nRT}{P}$$

と書き改め，式 (6.14) を用いると

$$\Delta G = \int_{P_1}^{P_2} \Delta V \mathrm{d}P = \Delta nRT \ln\left(\frac{P_2}{P_1}\right) \tag{6.16}$$

によって，圧力変化に伴う ΔG が与えられる．これは圧力変化による $T\Delta S$ (式 (5.6) 参照) と互いに打ち消しあうので，ΔH は圧力の影響を受けない．

例題 6.5 $H_2O(\mathrm{g})$ と $H_2O(\mathrm{l})$ の $\Delta_f G°$ の差は $8.6\,\mathrm{kJ\,mol^{-1}}$ である．25 ℃ における水の蒸気圧 P/mmHg を推定せよ．

[解答] $8.6\times10^3 = 1\times8.314\times298\times\ln(760/P)$ を解いて，$P = 24\,\mathrm{mmHg}$．

例題 6.6 例題 6.4 を参照して，反応 $\mathrm{Ni(s)} + 4\,\mathrm{CO(g)} \rightarrow \mathrm{Ni(CO)_4(g)}$ の 100 atm，498 K における ΔG を推定せよ．

[解答] $\Delta n = -3$ であるから，圧力を 100 atm にすることによる $\Delta G/\mathrm{kJ\,mol^{-1}}$ は，$-3\times8.314\times498\times\ln(100)\times10^{-3} = -57.2$．これを 1 atm における値 $+43.2$ に加算すると，$\Delta G_{498}/\mathrm{kJ\,mol^{-1}} = -14.0$．加圧によって，生成および分解反応を行う温度領域を高め，反応速度を大きくすることが可能となる．

式 (6.16) を用いて，炭酸カルシウムの熱分解反応

$$\mathrm{CaCO_3(s) \rightleftharpoons CaO(s) + CO_2(g)}$$

が平衡状態にあるときの二酸化炭素の圧力 $P_{\mathrm{CO_2}}$ を温度 T の関数として表す近似式を求めてみよう．$\Delta G°$ の温度変化は，関係する三つの物質の $\Delta_\mathrm{f} H°$ と $S°$ を用いて

$$\Delta G°/\mathrm{J} \fallingdotseq 178300 - 160.4\,T$$

で近似される．平衡状態にあるときの $\mathrm{CO_2}$ の圧力を $P_{\mathrm{CO_2}}$ atm とすると

$$0 \fallingdotseq 178300 - 160.4\,T + 8.314\,T \ln P_{\mathrm{CO_2}}$$

これを整理すれば，次式が得られる．

$$\ln P_{\mathrm{CO_2}} \fallingdotseq -\frac{21446}{T} + 19.29$$

化学親和力

化学親和力（chemical affinity）は化合物形成において，各種の原子間に働く親和性を指した18世紀からある概念である．例えば，硫黄に対する金属の親和力の強さは定性的に鉄，銅，鉛，銀，水銀，金の順に弱くなるとされている．フランスのベルトローとデンマークのトムセンは反応熱を親和力の尺度と考えて，熱化学の先駆的研究を遂行した．1883年に至りファントホッフによって，今日のギブズエネルギーの減少が化学親和力の大きさに等しいとされた．

●まとめ

(1) 一定温度におけるギブズエネルギーの変化は式 (6.6) により
$$\Delta G = \Delta H - T \Delta S$$
である．$\Delta G = 0$ であれば，平衡状態にあり，$\Delta G < 0$ ならば，自発的に変化が起こると期待される．

(2) ギブズエネルギーと圧力，温度を結び付ける関係式 (6.10)
$$\mathrm{d}G = V\mathrm{d}P - S\mathrm{d}T$$
と，これから導かれる偏導関数 (6.11) と (6.12) にも注意を払おう．

問　題

6.1 裏見返しの付表に与えられた $\Delta_f H°$ と $S°$ の値を用いて，反応 $H_2(g)+F_2(g) \rightarrow 2HF(g)$ の $\Delta G°$ および $HF(g)$ の $\Delta_f G°$ を求めよ．

6.2 裏見返しの付表に与えられた $\Delta_f G°$ の値を用いて，アセチレンは単体から合成できなくても，反応 $CaC_2(s)+2H_2O(l) \rightarrow C_2H_2(g)+Ca(OH)_2(s)$ によって得られることを示せ．

6.3 裏見返しの付表に与えられた $\Delta_f G°$ の値を用いて，$Cl_2O(g)$ は単体からの合成は期待されなくても，反応 $HgO(s)+2Cl_2 \rightarrow HgCl_2(s)+Cl_2O(g)$ によって合成されることを示せ．

6.4 酸素の量を制限して，反応 $C(s)+\frac{1}{2}O_2(g) \rightarrow CO(g)$ を行わせようとしても，$C(s)+\frac{1}{2}O_2(g) \rightarrow \frac{1}{2}C(s)+\frac{1}{2}CO_2(g)$ も同時に進行する．裏見返しの付表に与えられた $\Delta_f G°$ を用いて，その理由付けを試みよ．

6.5 裏見返しの付表に与えられた $Br_2(l)$，$Br_2(g)$ の $\Delta_f H°$ と $S°$ を用いて，蒸発に伴う $\Delta G°$ と T の関係を表す式をつくり，沸点 T_b の値を推定せよ．

6.6 アセチレンの合成に必要な $CaC_2(s)$ は，反応 $CaO(s)+3C(s) \rightarrow CaC_2(s)+CO(g)$ でつくられる．裏見返しの付表に与えられた $\Delta_f H°$ と $S°$ の値を用いて，この反応を進行させるに必要な温度を考察せよ．

6.7 裏見返しの付表に与えられた $\Delta_f H°$ と $S°$ の値を用いて，反応 $C(s)+H_2O(g)=CO(g)+H_2(g)$ を右方向に進行させて，水性ガスを製造するに必要な温度を考察せよ．

6.8 問題4.13で得た $\Delta_f H°_{1000}$ と，問題5.6で得た ΔS_{1000} を組み合わせて，1000 K で $CaCO_3$ が安定に存在できるか否かを検討せよ．

6.9 前問の結果を用いて，二酸化炭素の圧力が 1 atm となる温度を推定せよ．

6.10 298 K において，標準状態の定義を圧力 1 atm から 100 kPa へ変えたとすると，反応 $C(s)+2H_2(g)=CH_4(g)$ の $\Delta G°$ が受ける影響はいくらか．

6.11 裏見返しの付表に与えられた $Br_2(l)$ と $Br_2(g)$ の $\Delta_f G°$ の値を用いて，25 °C における蒸気圧を推定せよ．

6.12 1 atm，100 °C における水の $\Delta_{vap}H$ は 40.66 kJ mol^{-1} である．圧力を 0.7 atm に減じたときの沸点の値を推定せよ．

7. 気相反応の化学平衡

ΔG が負であれば，原系から生成系に向かっての化学変化が起こると予想できる．可逆反応はいずれ平衡状態に到達するが，その位置を定めるのは $\Delta G°$ の値である．すなわち，平衡定数 K は $\Delta G°$ に関係付けられる．さらに，平衡定数の温度変化と $\Delta H°$，平衡定数の圧力変化と体積変化 ΔV の関係式によって，平衡移動が定量化されることを説明する．

7.1 可逆反応と化学平衡

ガラス管に封入されたヨウ化水素は，高温度で次の分解反応

$$2\,\mathrm{HI(g)} \longrightarrow \mathrm{H_2(g)} + \mathrm{I_2(g)}$$

を起こすが，生じた水素とヨウ素はヨウ化水素の生成反応

$$\mathrm{H_2(g)} + \mathrm{I_2(g)} \longrightarrow 2\,\mathrm{HI(g)}$$

を行う．仮に前者を**正反応**（forward reaction），後者を**逆反応**（reverse reaction）と呼ぶことにしよう．このように正逆いずれの方向にも進むことができる反応を**可逆反応**（reversible reaction）といい，一つにまとめて

$$2\,\mathrm{HI(g)} \rightleftharpoons \mathrm{H_2(g)} + \mathrm{I_2(g)}$$

で表す．HI, $\mathrm{H_2}$, $\mathrm{I_2}$ の分子数が増えも減りもしない状態を**化学平衡**（chemical equilibrium）という．次節で述べるように，この状態では正反応と逆反応

の速さは等しい．存在する3種の分子の数に変化がないため，反応はどちらの方向へも起こっていないように見える．

7.2 質量作用の法則

ボーデンシュタイン (M. Bodenstein, 1871-1942) の研究によると，ヨウ化水素のモル濃度を [HI] としたとき，正反応の速さは

$$k[\text{HI}]^2$$

で表される．比例定数 k は**速度定数** (rate constant) と呼ばれる．反応の進行とともに，ヨウ化水素のモル濃度が減少するため，正反応の速度は減少する．

ボーデンシュタイン
極めて実験上手なことで知られ，一貫して気体反応や光化学反応の速度の研究を行った．本書で取り上げた水素とヨウ素の反応，四酸化二窒素の解離平衡のほか，水素と臭素や塩素との反応の仕組みを調べて連鎖反応を発見した．反応速度論の基礎を築いた物理化学者として著名で，ネルンストの後任として，ベルリン大学の教授を勤めた．

逆反応の速さは，速度定数を k'，水素のモル濃度を [H_2]，ヨウ素のモル濃度を [I_2] とすると

$$k'[H_2][I_2]$$

で表される．正反応の進行によって，水素とヨウ素のモル濃度は増大し，ヨウ化水素の生成をもたらす逆反応の速度は増大する．ヨウ化水素のモル濃度の減少速度は，正反応と逆反応を考慮に入れると

$$\frac{d[\text{HI}]}{dt} = -k[\text{HI}]^2 + k'[H_2][I_2]$$

で表される．$d[\text{HI}]/dt = 0$，すなわち，正反応と逆反応の速度が等しくなった

とき，見かけ上，変化のない平衡状態に達する．このとき，反応物と生成物のモル濃度は

$$\frac{[\mathrm{H}_2][\mathrm{I}_2]}{[\mathrm{HI}]^2} = \frac{k}{k'} = K_c$$

の関係にある．ここで，K_c を**平衡定数**（equilibrium constant）と呼ぶ．添え字はモル濃度 $c(=n/V)$ を用いたことを示す．

ボーデンシュタインよりも 30 年ほど前，**グルドベルグ**（C. M. Guldberg, 1836-1902）と**ボーゲ**（P. Waage, 1833-1900）は，次の一般化された化学反応

$$a\mathrm{A} + b\mathrm{B} \rightleftharpoons y\mathrm{Y} + z\mathrm{Z}$$

が平衡状態にあるときには

$$\frac{[\mathrm{Y}]^y[\mathrm{Z}]^z}{[\mathrm{A}]^a[\mathrm{B}]^b}$$

が一定値となることを提唱した．これを**質量作用の法則**（law of mass action）という．前述の水素，ヨウ素，ヨウ化水素の間の化学平衡の取り扱いは，その一例である．

ヨウ化水素の初めのモル濃度を c，平衡に達したときヨウ化水素のモル濃度は $c(1-\alpha)$ であるとすれば，水素とヨウ素のモル濃度はそれぞれ $c\alpha/2$ であるから，平衡定数は

$$\alpha^2/4(1-\alpha)^2 = K_c$$

となる．ギリシャ文字アルファ α は，反応物質の全分子数に対する解離した分子数の割合を表す記号で，**解離度**（degree of dissociation）と呼ばれる．表 7.1 に示すボーデンシュタインの実験結果は，各温度で得られた α の値とこれから計算された K_c，次いで，正反応の速度定数 k，逆反応の速度定数 k' ならびに比 k/k' から成り立っている．速度定数の測定が難しいため，k/k' の値のばらつきは大きいが，K_c の値にほぼ一致することが知れよう．

質量作用の法則はきわめて複雑な水溶液中の可逆反応にも成り立つ．例えば

$$2\mathrm{IO}_3^- + 10\mathrm{Br}^- + 12\mathrm{H}^+ \rightleftharpoons \mathrm{I}_2 + 5\mathrm{Br}_2 + 6\mathrm{H}_2\mathrm{O}$$

表7.1 ボーデンシュタインによるヨウ化水素の平衡定数 K_c および正反応と逆反応の速度定数 k と k'

$t/°C$	T/K	α	K_c	$k/\mathrm{mol\,dm^{-3}\,s^{-1}}$	$k'/\mathrm{mol\,dm^{-3}\,s^{-1}}$	k/k'
508	781	0.2408	0.0252	0.0396	1.34	0.0296
487	760	0.2340	0.0233	—	—	—
443	716	—	—	0.00251	0.140	0.0179
427	700	0.2157	0.0189	0.00116	0.0644	0.0180
410	683	0.2100	0.0177	0.000513	0.0247	0.0208
393	666	0.2058	0.0168	0.000220	0.0142	0.0155
374	647	0.2010	0.0158	0.0000861	0.00524	0.0164
356	629	—	—	0.0000303	0.00253	0.0120
302	575	0.1815	0.0123	0.00000122	0.000132	0.0092
283	556	0.1787	0.0118	0.000000353	0.0000445	0.0079

の平衡定数

$$K_c = \frac{[\mathrm{I_2}][\mathrm{Br_2}]^5}{[\mathrm{IO_3^-}]^2[\mathrm{Br^-}]^{10}[\mathrm{H^+}]^{12}}$$

は $6 \times 10^{21}\,\mathrm{mol^{-18}\,dm^{54}}$ と求められている.しかし,正反応の速さが

$$k\,[\mathrm{IO_3^-}]^2[\mathrm{Br^-}]^{10}[\mathrm{H^+}]^{12}$$

で表されることは期待できない.なぜならば,24個の粒子が一度に出会う確率は 0 に等しいからである.質量作用の法則の導出方法は現実の反応の仕組みを反映するとは限らない.

7.3 平衡定数の表し方

平衡定数はモル濃度のほか,分圧,モル分率を用いて表される.可逆反応

$$2\,\mathrm{HI(g)} \rightleftharpoons \mathrm{H_2(g)} + \mathrm{I_2(g)}$$

が平衡状態にあるとき,物質 i の分圧 $p_i = n_i RT/V$ を用いれば

$$\frac{p_{\mathrm{H_2}} p_{\mathrm{I_2}}}{p_{\mathrm{HI}}^2} = K_P$$

あるいは,全圧を P として,モル分率 $x_i = p_i/P$ を用いれば

$$\frac{x_{\mathrm{H_2}} x_{\mathrm{I_2}}}{x_{\mathrm{HI}}^2} = K_x$$

この例のように，反応によって気体の量が変化しないとき，すなわち，式 (3.11) の Δn が 0 のときには，いずれの平衡定数も単位をもたない数（無名数）で，しかも同じ数値となるが，$\Delta n \neq 0$ のときには，平衡定数 K_c と K_P は単位をもち，数値も同じではない（7.5 節参照）．

さらに，平衡定数の値は質量作用の法則を適用する化学方程式の書き方にも関係することに注意しよう．もし，水素，ヨウ素，ヨウ化水素の間の可逆反応を，ヨウ化水素の生成が正反応となる化学方程式

$$\mathrm{H_2(g) + I_2(g) \rightleftharpoons 2\,HI(g)}$$

で表したならば

$$\frac{[\mathrm{HI}]^2}{[\mathrm{H_2}][\mathrm{I_2}]} = K_c' = \frac{1}{K_c}$$

となる．化学方程式の両辺を入れ替えなくても

$$\mathrm{HI(g)} \rightleftharpoons \frac{1}{2}\mathrm{H_2(g)} + \frac{1}{2}\mathrm{I_2(g)}$$

と書いたならば，モル濃度を用いたときの平衡定数は

$$\frac{[\mathrm{H_2}]^{1/2}[\mathrm{I_2}]^{1/2}}{[\mathrm{HI}]} = K_c'' = K_c^{1/2}$$

となって，数値は大きく変化する．

例題 7.1 可逆反応 $\mathrm{N_2O_4(g)} \rightleftharpoons 2\,\mathrm{NO_2(g)}$ の平衡定数 K_c，K_P，K_x を表す式を記し，それぞれの単位を明らかにせよ．また，Δn の値はいくらか．

［解答］ $[\mathrm{NO_2}]^2/[\mathrm{N_2O_4}] = K_c$，単位は $\mathrm{mol\,dm^{-3}}$．$p_{\mathrm{NO_2}}^2/p_{\mathrm{N_2O_4}} = K_P$ の単位は用いた圧力の単位に等しい．$x_{\mathrm{NO_2}}^2/x_{\mathrm{N_2O_4}} = K_x$ は無名数，$\Delta n = 2 - 1 = 1$．

7.4 ギブズエネルギー変化と標準平衡定数

化学熱力学を用いたとき，平衡定数はどのように導かれるのであろうか．圧力 P，体積 V の混合理想気体 n mol 中に，気体 i が n_i mol 存在するとし，そのモル分率を x_i とすると，分圧 p_i は次式で与えられる（式 (2.6) 参照）．

7.4 ギブズエネルギー変化と標準平衡定数

$$p_i = x_i P = \frac{n_i RT}{V} \tag{7.1}$$

温度一定として,式 (6.11) から得られる $dG = VdP$ に,式 (7.1) を変形した $V = n_i RT/p_i$ を代入すると

$$dG_i = \left(\frac{n_i RT}{p_i}\right) dp_i \tag{7.2}$$

次いで,気体 i の圧力を標準圧力 $P°$ から分圧 p_i まで変化させたとき,$G_i°$ は G_i になったとして,式 (7.2) の定積分を求めると,次式が得られる.

$$G_i - G_i° = n_i RT \ln\left(\frac{p_i}{P°}\right) \tag{7.3}$$

G_i は示量性の量で n_i に比例する.さらに,混合気体では分圧 p_i の関数である.もちろん,$p_i = P°$ であれば,$G_i = G_i°$ である.なお,$p_i/P°$ は単位をもたないから,その対数を用いることに支障はない.

可逆反応を一般的な化学方程式

$$a\mathrm{A}(g) + b\mathrm{B}(g) \rightleftharpoons y\mathrm{Y}(g) + z\mathrm{Z}(g)$$

で表した取り扱いをしてみよう.この場合,$\Delta n = y + z - a - b$ である.式 (7.3) を式 (6.7) に代入し,n_i を a, b, y, z で置き換えると

$$\begin{aligned}\Delta G - \Delta G° &= yRT \ln\left(\frac{p_\mathrm{Y}}{P°}\right) + zRT \ln\left(\frac{p_\mathrm{Z}}{P°}\right) - aRT \ln\left(\frac{p_\mathrm{A}}{P°}\right) - bRT \ln\left(\frac{p_\mathrm{B}}{P°}\right) \\ &= \Sigma\left[n_i RT \ln\left(\frac{p_i}{P°}\right)\right] \\ &= RT \ln \prod\left(\frac{p_i}{P°}\right)^{n_i}\end{aligned} \tag{7.4}$$

が得られる(付録.数学の知識を参照せよ).$\prod$(ギリシャ文字で,パイと読む)は積の記号であり,生成物の化学量論係数 y と z は正,反応物の化学量論定数 a と b は負と見なされる.

平衡状態においては,$\Delta G = 0$ であるから

$$\Delta G° = -RT \ln \prod\left(\frac{p_i}{P°}\right)^{n_i} = -RT \ln K \tag{7.5}$$

と書ける.このように,化学熱力学においては,平衡定数は反応の仕組みを仮定することなく導かれるのみならず,温度 T K における標準ギブズエネルギ

表7.2 298 K における $\Delta G°$ と K の値

$\Delta G°/\text{kJ mol}^{-1}$	K
100	2.96×10^{-18}
50	1.72×10^{-9}
20	3.12×10^{-4}
10	1.77×10^{-2}
5	1.32×10^{-1}
1	6.68×10^{-1}
0	1
-1	1.50
-5	7.52
-10	5.65×10
-20	3.20×10^3
-50	5.81×10^8
-100	3.38×10^{17}

一の変化と平衡定数の関係が導かれる．表7.2に，種々の $\Delta G°$ に対応する298 K における K の値を示す．$\Delta G°$ がより負になるにしたがって，K が急激に増大するのが見られる．

平衡状態における気体の分圧を標準圧力で割った $p_i/P°$ の n_i 乗を掛け合わせて得られる K は，**標準平衡定数**（standard equilibrium constant）と呼ばれる．これは T ならびに $P°$ の関数であるが，全圧 P には関係せず，単位をもたない．単位 atm をもつ K_P が K の代わりに用いられていることがあるが，$P°=1$ atm としていると見なされる．

例題 7.2 裏見返しの付表に与えられた $\Delta_f G°$ の値を用いて，可逆反応 $N_2 + 3 H_2 \rightleftharpoons 2 NH_3$ の $\Delta G°$ および K を求めよ．

[解 答] $\Delta G°/\text{kJ} = -2 \times 16.5 = -33.0$（化学方程式における生成物は 2 mol であるから，2 mol 当たりの値を求める），$\ln K = 13.32$，すなわち，$K = 6.09 \times 10^6$．

例題 7.3 裏見返しの付表に与えられた $\Delta_f H°$ と $S°$ の値を用いて，前問の反応の 200 ℃ における $\Delta G°$ の値を推定せよ．

[解 答] 前問の解答と $\Delta S°/\text{J K}^{-1} = (2 \times 192.3 - 191.5 - 3 \times 130.6) = -198.7$ を用いて，$\Delta G°_{473}/\text{kJ} = -33.0 + 198.7 \times (473 - 298) \times 10^{-3} = 1.8$．または $\Delta H°/\text{kJ} = -2 \times 46.1$ と $\Delta S°$ を用いて，$\Delta G°_{473}/\text{kJ} = -92.2 + 198.7 \times 473 \times 10^{-3} = 1.8$．

7.5　平衡定数相互の関係

全圧を P，全物質量を n mol とすると，モル濃度 c_i，モル分率 x_i，分圧 p_i の間には

$$c_i = \frac{x_i n}{V} = \frac{x_i P}{RT} = \frac{p_i}{RT}$$

の関係があるから，平衡定数の一般的な関係は，次のようになる．

$$K_P = K(P°)^{\Delta n} = K_x(P)^{\Delta n} = K_c(RT)^{\Delta n} \tag{7.6}$$

$\Delta n \neq 0$ のときには，4つの平衡定数を互いに区別する必要がある．K_x は K と同様に無名数ではあるが，全圧 P と無関係ではない．

例題 7.4　可逆反応 $N_2O_4(g) \rightleftharpoons 2NO_2(g)$ において，全圧を P として，K_P, K_c, K_x の間の関係を求めよ．

[解答]　$p_i = (n_i/V)RT = x_i P$ の関係を K_P に代入すれば，$K_P = p_{NO_2}^2/p_{N_2O_4} = ([NO_2]^2/[N_2O_4])RT = (x_{NO_2}^2/x_{N_2O_4})P$.

さらに，解離度 α を用いた平衡定数を扱ってみよう．可逆反応

$$N_2O_4 \rightleftharpoons 2NO_2$$

が平衡状態に達したとき，N_2O_4 は $(1-\alpha)$ mol，NO_2 は 2α mol 存在するとすると，モル分率はそれぞれ，$x_{N_2O_4} = (1-\alpha)/(1+\alpha)$，$x_{NO_2} = 2\alpha/(1+\alpha)$ となり

$$K_x = \frac{4\alpha^2}{1-\alpha^2}$$

298 K, 1 atm における N_2O_4 の解離度 $\alpha = 0.20$ を代入すると

$$K_x = 0.167$$

$\Delta n = 2 - 1 = 1$ であるから

$$K_P = 0.167 \text{ atm}$$

次に,式(7.6)を用いると,K_x と K_c の関係は

$$K_c = K_x \left(\frac{P}{RT}\right)^{\Delta n} = K_x \left(\frac{1}{V}\right)^{\Delta n}$$

と知れる.298 K, 1 atm における気体 1 mol の体積を 24.5 dm³ mol⁻¹ として

$$K_c = \frac{0.167}{24.5 \text{ dm}^3 \text{ mol}^{-1}} = 6.82 \times 10^{-3} \text{ mol dm}^{-3}$$

例題 7.5 1体積の窒素と3体積の水素からなる混合気体を反応させて,平衡状態に達したとき,アンモニアのモル分率を x として,K_x を求めよ.

[解答] 残り $1-x$ の 1/4 は窒素,3/4 は水素であるから,

$$K_x = \frac{x^2}{(1/4)(3/4)^3(1-x)^4} = \frac{256 x^2}{27(1-x)^4}.$$

$x \ll 1$ の場合には $K_x \fallingdotseq 256 x^2/27$.

7.6 反応進行度とギブズエネルギー

次式で表した可逆反応を取り上げて,表記の関係を図示してみよう.

$$2\text{NO}_2(\text{g}) \rightleftharpoons \text{N}_2\text{O}_4(\text{g})$$

1 atm, 25 ℃ において,初めに NO_2 が 2 mol 存在したとする(図 7.1(a)).説明の便宜上の中間段階として,$2(1-x)$ mol の NO_2,x mol の N_2O_4 が別々に存在し,それぞれの圧力が 1 atm である状態,図 7.1(b) を想定する.$x=0$ のときにはすべてが NO_2 として存在し,$x=1$ のときにはすべてが N_2O_4 として存在する(図 7.1(c)).この x を **反応進行度**(extent of reation)と名付ける.この別々に存在する NO_2 と N_2O_4 を考慮すると,$\Delta H(x)$ は

$$\Delta H(x) = 2(1-x)\Delta_f H°(\text{NO}_2) + x \Delta_f H°(\text{N}_2\text{O}_4)$$

で,$S(x)$ は

7.6 反応進行度とギブズエネルギー

図7.1 可逆反応 $2\,\mathrm{NO_2(g)} \rightleftharpoons \mathrm{N_2O_4(g)}$ の段階
(b) では $\mathrm{NO_2}$ と $\mathrm{N_2O_4}$ は別々に存在し，(d) では混合されている．

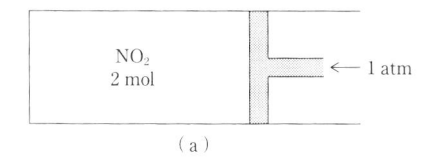

$$S(x) = 2(1-x)S°(\mathrm{NO_2}) + xS°(\mathrm{N_2O_4})$$

で与えられる．この状態における $\Delta G(x)$ は

$$\Delta G(x) = 2(1-x)\Delta_\mathrm{f} G°(\mathrm{NO_2}) + x\Delta_\mathrm{f} G°(\mathrm{N_2O_4})$$

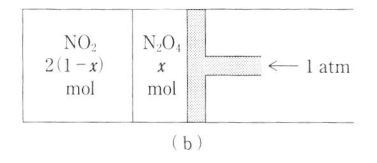

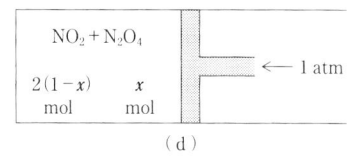

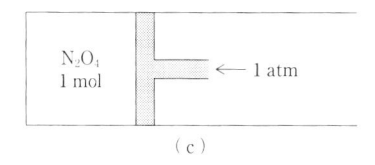

で，図 7.2(a), (b), (c) に示すように，いずれも x とは直線関係にある．

次に x はそのままにして，両者を混合した図 7.1(d) の状態を考えると，$\Delta H(x)$ は変わらないが，$S(x)$ は混合によって増大する．その増加分 $\Delta_\mathrm{mix} S(x)$ は式 (5.7) の $(n_\mathrm{A} + n_\mathrm{B})$ に相当する

$$n_{\mathrm{NO_2}} + n_{\mathrm{N_2O_4}} = 2(1-x) + x = 2 - x$$

を用いて，次のように計算される（図 7.2(d) 参照）．

$$\Delta_\mathrm{mix} S(x) = -(2-x)R\left[\left(\frac{2-2x}{2-x}\right)\ln\left(\frac{2-2x}{2-x}\right) + \left(\frac{x}{2-x}\right)\ln\left(\frac{x}{2-x}\right)\right]$$

$\Delta_\mathrm{mix} H = 0$ であるから，式 (6.6) によって得られる次式

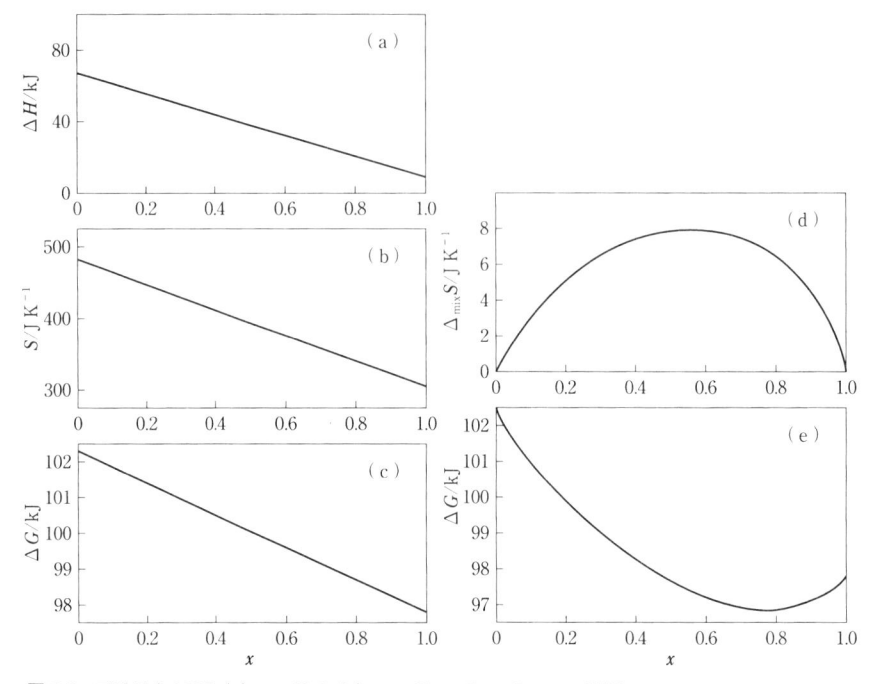

図 7.2 可逆反応 $2\,\mathrm{NO_2(g)} \rightleftharpoons \mathrm{N_2O_4(g)}$ の ΔH, ΔS, ΔG と x の関係
(b) と (c) では図 7.1 の (b) に対応して，$\mathrm{NO_2}$ と $\mathrm{N_2O_4}$ は別々に存在し，(d) と (e) では図 7.1 の (d) に対応して $\mathrm{NO_2}$ と $\mathrm{N_2O_4}$ は混合されている．

$$\Delta_{\mathrm{mix}} G = -T \Delta_{\mathrm{mix}} S \tag{7.7}$$

を図 7.2(c) に加えると，混合気体の $\Delta G(x)$ が得られ，図 7.2(e) に示すように，極小をもつ曲線となる．$x=0$ においても，$x=1$ においても，$\mathrm{d}G<0$ で，平衡状態は $\mathrm{d}G=0$，すなわち図の曲線の極小点に相当する．

$$\frac{\mathrm{d}\Delta G}{\mathrm{d}x} = 0$$

の条件を満たす平衡状態における反応進行度を x^{eq} とすると，式 (7.5) に相当する関係として，次式が得られる．

$$\Delta G^\circ = -RT \ln\left[\frac{x^{\mathrm{eq}}}{(2-2x^{\mathrm{eq}})^2}\right]$$

7.7 平衡移動の法則 (1)――温度の影響

化学平衡にある系に，濃度，温度，圧力の変化を与えると，平衡は移動し，新しい平衡状態に達する．その移動の方向は**平衡移動の法則** (law of mobile equilibrium)，または**ルシャトリエの原理** (Le Chatelier's principle) によって，次のようにまとめられている．

「平衡状態にある系の濃度，温度，圧力を変えると，その変化の影響を小さくする方向の変化が起こって，新しい平衡状態になる」

まず，生成量を増加させるのに有効な濃度の変化とは，生成物を系外に取り出すことである．次に，圧力一定の条件下で，平衡定数と温度の関係を求める．式 (7.5) の $\Delta G°$ を式 (6.6) によって $\Delta H° - T\Delta S°$ で置き換え，$\ln K$ について解けば

$$\ln K = -\frac{\Delta H°}{RT} + \frac{\Delta S°}{R} \tag{7.8}$$

となる．取り上げる温度 T_1 から T_2 の範囲で，$\Delta H°$ と $\Delta S°$ を一定と仮定すれば，これより次式が得られる．

$$\ln\left(\frac{K_2}{K_1}\right) = -\left(\frac{\Delta H°}{R}\right)\left(\frac{1}{T_2} - \frac{1}{T_1}\right) \tag{7.9}$$

$\Delta H°$ が正（吸熱）であれば，$T_2 > T_1$ のとき，$K_2/K_1 > 1$ となる．これは温度を高くしたとき，その影響を小さくする方向は吸熱の方向であって，生成物は増加するという平衡移動の法則の結論を定量的に表現したものである．

一例として，表 7.3 に与えられた可逆反応

$$N_2O_4(g) \rightleftharpoons 2NO_2(g)$$

の温度 T と平衡定数 K の関係を，式 (7.8) にしたがって図に表してみよう．実験では，N_2O_4 の解離度を測定し，それに基づいて平衡定数を計算する．縦軸に $\ln K$，横軸に $1/T$ を目盛ると，この例では $\Delta H°$ は正（吸熱）であるから，得られる直線の勾配は負となる．すなわち，図 7.3 に示されるように，絶対温度の逆数が減少すると，$\ln K$ は増大する．言い換えれば，温度を上げる

表 7.3 ボーデンシュタインによる可逆反応
$N_2O_4(g) \rightleftharpoons 2NO_2(g)$ の平衡定数

T/K	$10^3 K/T$	α	K	$\ln K$
294.3	3.398	0.1773	0.1298	−2.041
306.4	3.264	0.2655	0.3033	−1.293
317.1	3.154	0.3477	0.5501	−0.598
326.1	3.067	0.4476	1.002	0.002
339.6	2.945	0.5811	2.040	0.713
356.7	2.803	0.7333	4.653	1.537
369.2	2.709	0.8196	8.184	2.102
385.4	2.595	0.9016	17.38	2.855

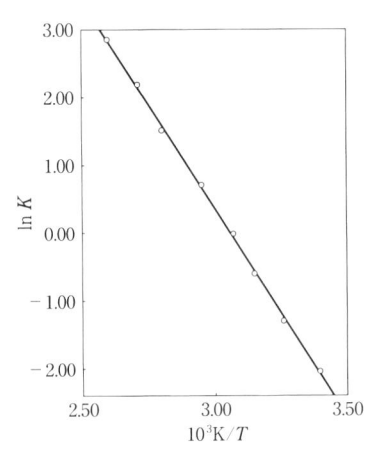

図 7.3 可逆反応 $N_2O_4(g) \rightleftharpoons 2NO_2(g)$ の平衡定数の対数 $\ln K$ と絶対温度の逆数 $1/T$ の関係

と，平衡は生成物の側へ移動する．

例題 7.6 $\frac{1}{2}N_2(g) + \frac{3}{2}H_2(g) \rightleftharpoons NH_3(g)$ の平衡定数は，673 K では 0.0138，873 K では 0.00151 と，**ハーバー** (F. Haber, 1868-1934) によって報告されている．この温度領域における $\Delta H°$ を算出せよ．

［解答］ $\ln(0.00151/0.0138) = (\Delta H°/8.314)(1/673 - 1/873)$ より，$\Delta H°/$kJ $= -54.0$．比較のため，裏見返しの付表の 298 K における値を用いて，773 K における値を推定して見よう．式 (4.6) を用いて，$\Delta H°_{773}/$kJ $\fallingdotseq -46.1 + (35.1$

$-29.1/2-3\times28.8/2)(773-298)\times10^{-3}=-56.9$ で,誤差はさほど大きくない.

> **ファントホッフ**
>
> 有機化学を専攻したファントホッフは実験が不得意で,22歳で学位を得たのを機会に分野の転換を志した.「化学熱力学の法則および溶液の浸透圧の発見」に対して,1901年度(第1回)のノーベル化学賞を与えられたのは,26歳で就任したアムステルダム大学の化学・鉱物学・地質学担当教授としての業績である.43歳でベルリン大学名誉教授として引退した後は,岩塩層の成因の研究を業界の支援によって行った.遠慮深い人柄で,平衡移動の法則や反応速度と温度の関係は,彼の著書で初めて述べられたことであるにもかかわらず,これらがルシャトリエの原理,アレニウスの式と呼ばれたことに何の異論も唱えなかった.

> **ハーバー**
>
> 有機化学の分野で博士号を得た後,物理化学に転じ,ドイツのカールスルーエ工科大学の物理化学・電気化学担当教授の時代に,窒素と水素からアンモニアを合成することに成功し,この研究で1918年度のノーベル化学賞を受賞した.無機化学・物理化学の振興のため,1912年にカイザー・ウィルヘルム化学研究所と物理化学・電気化学研究所が新設されたとき,前者の所長にはベックマン,後者の所長にはハーバーが選ばれた.第一次世界大戦後,ハーバーの研究所では反応の仕組みに関する多くの著名な研究が行われた.

7.8 平衡移動の法則(2)——圧力の影響

一定温度で圧力を高くしたとき,平衡が移動する方向は,反応による気体の量の変化 Δn によって定まることは,式(6.16)に示されている.すなわち,

Δn が正であれば $P_2/P_1 > 1$ は ΔG を正の方向（反応物が増加する方向）へ，Δn が負であれば ΔG を負の方向（生成物が増加する方向）へ変化させる（表7.2参照）．$\Delta n = 0$ ならば，ΔG は圧力の影響を受けない．

平衡定数と圧力の関係をより明確に表すには，式 (7.6) の対数をとり

$$\ln K = \ln K_x + \Delta n \ln\left(\frac{P}{P°}\right) \tag{7.10}$$

$\Delta n \neq 0$ として，式 (7.10) の P による偏導関数を求めると，$(\partial \ln K/\partial P)_T = 0$ であるから，次式が導かれる．

$$\left(\frac{\partial \ln K_x}{\partial P}\right)_T = -\frac{\Delta n}{P} = -\frac{\Delta n V}{PV} = -\frac{\Delta V}{RT} \tag{7.11}$$

これより，T が一定で ΔV が負のときに系の圧力を高くすれば，K_x は増大することがわかる．一例として，表7.4にはハーバーが1914年に報告したアンモニア生成の平衡に及ぼす温度と圧力の影響を示す．

表7.4 ハーバーによる1体積の窒素と3体積の水素よりなる混合気体から生じるアンモニアの平衡濃度 (x)

$t/°C$	x			
	1 atm	30 atm	100 atm	200 atm
200	0.153	0.676	0.806	0.858
300	0.0218	0.0318	0.521	0.628
400	0.0044	0.107	0.251	0.363
500	0.00129	0.0362	0.104	0.176
600	0.00049	0.0143	0.0447	0.0825
700	0.000223	0.0066	0.0214	0.0411
800	0.000117	0.0035	0.0115	0.0224
900	0.000069	0.0021	0.0068	0.0134

例題 7.7 $\frac{1}{2}N_2(g) + \frac{3}{2}H_2(g) \rightleftharpoons NH_3(g)$ の 773 K における平衡状態におけるアンモニアのモル分率として，1 atm で 0.00129，200 atm で 0.176 が報告されている（表7.4参照）．これらの値が式 (7.11) を満足することを示せ．

[解答] $\Delta n = -1$ であるから，式 (7.11) を積分することによって $K_x/P =$ 一定と期待される（式 (7.6) から得られる $K_x/P = K/P°$ を用いてもよい）．そこで，K_x を算出してみると，1 atm では

$$\frac{0.00129}{(0.2497)^{1/2}(0.7490)^{3/2}} = 0.00397$$

200 atm では

$$\frac{0.176}{(0.206)^{1/2}(0.618)^{3/2}} = 0.798$$

後者を 200 で割れば，前者にほぼ一致する（化学方程式を 2 倍すると，K_x の値は 2 乗となり，$\Delta n = -2$ となることに注意せよ）．

●まとめ

(1) 温度 T K における標準ギブズエネルギー変化 $\Delta G°$ と標準平衡定数 K の関係は式 (7.5) で与えられる．すなわち

$$\Delta G° = -RT \ln K.$$

(2) 平衡定数の温度変化は，$\Delta H°$ を温度に無関係と仮定すれば，式 (7.9) で表される．すなわち

$$\ln\left(\frac{K_2}{K_1}\right) = -\left(\frac{\Delta H°}{R}\right)\left(\frac{1}{T_2} - \frac{1}{T_1}\right)$$

(3) 平衡定数 K_x と K の関係は式 (7.6) で与えられる．

$$K_x = K\left(\frac{P°}{P}\right)^{\Delta n}$$

なお，平衡移動の法則の定量化を習ったからといって，定性的表現を忘れることがないように心掛けよう．

問　題

7.1 次の可逆反応に質量作用の法則を適用せよ．
(a) $2\,NO(g) + Cl_2(g) \rightleftharpoons 2\,NOCl(g)$
(b) $P_4(g) + 6\,H_2(g) \rightleftharpoons 4\,PH_3(g)$
(c) $4\,NH_3(g) + 5\,O_2(g) \rightleftharpoons 4\,NO(g) + 6\,H_2O(g)$

7.2 298 K において平衡定数が 10^4 となる $\Delta G°$ の値はいくらか．

7.3 裏見返しの付表に与えられた値を用いて，可逆反応 ½ $N_2(g) + O_2(g) \rightleftharpoons$

$NO_2(g)$ の $\Delta G°$ および K_P の値を求めよ．

7.4 ヨウ素分子の解離が平衡状態にあるとき全圧を P/atm として，K_x と K_P を表す式を求めよ．さらに，解離度 $\alpha \ll 1$ のときの近似式を求めよ．

7.5 ヨウ素分子が原子に解離する反応 $I_2(g) \rightleftharpoons 2I(g)$ の標準平衡定数 K は 500 K で 5.70×10^{-6}，600 K で 1.20×10^{-4} である．600 K における $\Delta G°$，この温度領域に有効な $\Delta H°$，さらに 600 K における $\Delta S°$ を求めよ．

7.6 前問で得た $\Delta H°$ と 600 K における $\Delta S°$ を用いて，556 K における K の値，次いで，1 atm および 0.01 atm におけるヨウ素分子の解離度 α を推算せよ．

7.7 1 体積の窒素と 3 体積の水素からなる混合気体を反応させて，平衡状態に到達したとき，窒素は $(1-\alpha)$ 体積とすると，水素は $3(1-\alpha)$ 体積，アンモニアは 2α 体積である．これらを用いて，平衡定数 K_x を表せ．

7.8 1 体積の窒素と 3 体積の水素からなる混合気体を反応させ，200 ℃，全圧 1 atm において $N_2(g) + 3H_2(g) \rightleftharpoons 2NH_3(g)$ が平衡状態にあるとき，アンモニアのモル分率は 0.153 と報告されている（表 7.4 参照）．これより K および $\Delta G°$ の値を求めよ．

7.9 表 7.3 に与えられた 306.4 K と 326.1 K の $\ln K$ の値を用いて，反応 $N_2O_4(g) \rightleftharpoons 2NO_2(g)$ の $\Delta H°$ を求めよ．

7.10 前章で求めた $CaCO_3(s) \rightleftharpoons CaO(s) + CO_2(g)$ が平衡状態にあるときの P_{CO_2} を与える式を書き改めて，この場合の K_P は P_{CO_2} に等しいことを確かめよ．

7.11 $C_2H_4(g) + H_2(g) \rightleftharpoons C_2H_6(g)$；$\Delta H° = -137$ kJ が平衡状態にあるとき，次の変化は生成物であるエタンの量にどのような影響を与えるか．
(a) 水素の濃度を増す．
(b) 圧力を加える．
(c) 温度を上げる．
(d) 体積は一定のまま，不活性気体を加える．

7.12 $NH_4Cl(s) \rightleftharpoons NH_3(g) + HCl(g)$；$\Delta H° = 176.0$ kJ が平衡状態にあるとき，次の変化は生成物であるアンモニアの量にどのような影響を与えるか．
(a) 圧力を加える．
(b) 温度を上げる．
(c) 塩化アンモニウムの量を増やす．

8. 物質の三態間の変化

　物質は気体，液体，固体の三つの状態で存在することができる．これを物質の三態という．物質のどの部分も同じ物理的，化学的性質をもつ均質な状態にあるとき，その物質は一つの相にあるという．本章では，純粋な物質（一成分系）の液相-気相，固相-液相，固相-気相間の変化，すなわち蒸発（凝縮），融解（凝固），昇華（凝縮）を化学熱力学の立場から取り扱う．

8.1　物質の三態と熱運動

　物質は固体，液体，気体となるにしたがって，それを構成する原子，分子，あるいはイオンの熱運動は激しくなる．定められた温度と圧力の下で，ある物質が固体，液体，気体のうちのいずれの状態をとるかは，物質内の原子，分子，あるいはイオンの熱運動の激しさと，これらの間に働く引力との釣り合いで定まる．すなわち，固体中では原子，分子，あるいはイオンは定まった位置を中心に振動している．温度が上昇して熱運動が引力に打ち勝つと，固体から液体，さらには気体への変化が起こる．

　一様な温度，圧力の下で，一つの物質の液体と気体が安定に共存する場合には，両者は平衡にあるといわれ，液体と気体の量は変化しない．しかし，その間で分子の移動は絶えず行われている．それぞれの量が定まっているのは，単位時間当たりに気体から液体へ移動する分子数と液体から気体へ移動する分子数が等しいからにすぎない．

8.2 相転移とギブズエネルギー

物質が条件の変化に伴って,一つの**相**(phase)から他の相に変化することを**相転移**(phase transition)という.例えば,一定圧力の下で固体を加熱すると,液体への変化,すなわち**融解**(fusion),または気体への変化,すなわち**昇華**(sublimation)が起こる.これらは固相-液相,または固相-気相転移とも呼ばれる.

定温,定圧の下で起こる融解,**蒸発**(vaporization),昇華においては,二つの相は平衡にあるから,$\Delta G=0$ が成り立つ.温度と蒸気圧を変えると,異なる平衡状態に移るが,$\Delta G=0$ の成立には変わりはない.したがって,式(6.13)を用いて

$$d\Delta G = \Delta V dP - \Delta S dT = 0 \tag{8.1}$$

これより,平衡圧と温度の関係は

$$\frac{dP}{dT} = \frac{\Delta S}{\Delta V} \tag{8.2}$$

で与えられることがわかる.

一つの相から同じ温度の他の相になるときに必要な熱量を $\Delta_{tr}H$ で表すと,式(5.3)によって ΔS は $\Delta_{tr}H/T$ で置き換えられ,式(8.2)は次のように書き改められる.

$$\frac{dP}{dT} = \frac{\Delta_{tr}H}{T\Delta V} \tag{8.3}$$

この式を**クラペイロンの式**(Clapeyron equation)という.なお,添え字 tr は,融解ならば略号 fus,蒸発ならば略号 vap,昇華ならば略号 sub で置き換える.多くの物質の融解の際の体積変化 ΔV は正であるが,水,ガリウム,ビスマスなどは例外的な存在で,体積変化は負になる.

転移エンタルピーは同じ温度にある二つの相の生成エンタルピーの差に等しいから,水を例にとると

$$\Delta_{\mathrm{fus}} H = \Delta_{\mathrm{f}} H(\mathrm{H_2O(l)}) - \Delta_{\mathrm{f}} H(\mathrm{H_2O(s)})$$
$$\Delta_{\mathrm{vap}} H = \Delta_{\mathrm{f}} H(\mathrm{H_2O(g)}) - \Delta_{\mathrm{f}} H(\mathrm{H_2O(l)})$$
$$\Delta_{\mathrm{sub}} H = \Delta_{\mathrm{f}} H(\mathrm{H_2O(g)}) - \Delta_{\mathrm{f}} H(\mathrm{H_2O(s)})$$

であり,同温同圧にあれば,次の関係が成り立つ.

$$\Delta_{\mathrm{sub}} H = \Delta_{\mathrm{fus}} H + \Delta_{\mathrm{vap}} H$$

例題 8.1 0 ℃における氷の融解エンタルピー $\Delta_{\mathrm{fus}} H°$ は $6.008\,\mathrm{kJ\,mol^{-1}}$,水の密度は $0.99984\,\mathrm{g\,cm^{-3}}$,氷の密度は $0.9168\,\mathrm{g\,cm^{-3}}$ である.氷の融点を 1 ℃だけ変化させるのに必要な圧力を求めよ.

［解答］ 融解による 1 mol 当たりの体積変化は,$\Delta V/\mathrm{cm^3\,mol^{-1}} = 18/0.99984 - 18/0.9168 = -1.63$ と得られる.圧力と氷の融点の関係は,$(\mathrm{d}P/\mathrm{d}T)/\mathrm{m^{-1}\,kg\,s^{-1}\,K^{-1}} = 6.008 \times 10^3/(273 \times -1.63 \times 10^{-6}) = -1.35 \times 10^7$ で与えられ,融点は加圧によって下降する.したがって,$1.35 \times 10^4\,\mathrm{kPa}$ または 134 atm.

8.3 蒸気圧の温度変化

固体と液体をまとめて**凝縮相**(condensed phase)といい,凝縮相と気体が平衡状態にあるとき,気体の圧力を**蒸気圧**(vapor pressure)という.気相の体積 V_{g} と凝縮相の体積 V_{cd} を比べると,$V_{\mathrm{g}} \gg V_{\mathrm{cd}}$ であるから,気体を理想気体と見なすと,式(2.6)を用いて

$$\Delta V = V_{\mathrm{g}} - V_{\mathrm{cd}} \fallingdotseq V_{\mathrm{g}} = \frac{RT}{P} \tag{8.4}$$

の近似が成り立つ.これを式(8.3)に代入し,$\mathrm{d}\ln P/\mathrm{d}P = 1/P$ の関係(付録.数学の知識を参照)を利用すると

$$\frac{\mathrm{d}\ln P}{\mathrm{d}T} = \frac{\Delta_{\mathrm{tr}} H}{RT^2} \tag{8.5}$$

となる.これを**クラペイロン-クラウジウスの式**(Clapeyron-Clausius equation)という.

$\Delta_{tr}H$ を一定と見なして，式 (8.5) の不定積分を求めると，次式が得られる．

$$\ln P = -\frac{\Delta_{tr}H}{RT} + C \tag{8.6}$$

ここで，C は積分定数である．$\ln P$ を $1/T$ に対して目盛ると，$\Delta_{tr}H$ が一定と見なせる限り直線関係が得られ，勾配は $-\Delta_{tr}H/R$ である．これによって，扱っている温度領域における $\Delta_{tr}H$ の値が求められる．

標準圧力における沸点を T_b，沸点における蒸気圧を P_b とすると

$$\ln\left(\frac{P}{P_b}\right) = -\left(\frac{\Delta_{vap}H}{R}\right)\left(\frac{1}{T} - \frac{1}{T_b}\right) \tag{8.7}$$

が得られる．なお，P_b は標準圧力 $P°$ にほかならない．この式を用いると，任意の温度 T における蒸気圧 P を推算することができる．

さらに，式 (8.7) を

$$\ln\left(\frac{P}{P°}\right) = \frac{\Delta_{vap}H}{RT_b} - \frac{\Delta_{vap}H}{RT} \tag{8.8}$$

と書き改め，$\Delta_{vap}H/RT_b$ と $\Delta_{vap}H/R$ を定数と見なして，それぞれを A, B とおくと

$$\ln\left(\frac{P}{P°}\right) = A - \frac{B}{T} \tag{8.9}$$

となる．これは蒸気圧と温度の関係，すなわち蒸気圧曲線を表す最も簡単な近似式である．現実には，蒸発のエンタルピーは一定ではなく，キルヒホッフの式 (4.5) が示すように，温度が低下すると増大する．例えば，0 °C における水の蒸発熱は 45.049 kJ mol^{-1} である．

例題 8.2 水の沸点における蒸発熱 $\Delta_{vap}H° = 40.66$ kJ mol^{-1} を用いて，90 °C における蒸気圧を式 (8.7) によって推定せよ．

［解答］ $\ln P = -(40.66 \times 10^3/8.314)(1/363 - 1/373) = -0.3472$，これより $P = 0.707$ atm を得る．

例題 8.3 90 °C において実測された水の蒸気圧は 0.692 atm である．90 °C と 100 °C の間に有効な蒸発のエンタルピーの平均値を求めよ．

［解答］ $\Delta_{vap}H/\text{kJ mol}^{-1} = -8.314 \times 10^{-3} \times 363 \times 373 \times \ln(0.692) \div 10 = 41.4$.

8.4 一成分系の状態図

　純物質の相の間の平衡状態を圧力と温度の関数として表したものを**状態図** (phase diagram) と呼ぶ．水を例として，その概略を図 8.1(a) に示す．曲線 TA は水の蒸気圧と温度，曲線 TB は氷の蒸気圧と温度，曲線 TC は圧力と氷の融点の関係を表す．これらは，式 (8.3)，または式 (8.5) によって表される．なお，図中の曲線 TD は過冷却状態にある水の蒸気圧を表す．氷の**融点** (melting point) は，氷と 1 atm の空気で飽和された水の平衡温度であって，曲線 TC の 1 atm における値ではない（問題 9.7 を参照せよ）．

　曲線 TA，TB，TC が一点に会する点 T では，水蒸気，水，氷の三つが共存する．このような点を**三重点** (triple point) と名付ける．水の場合，温度は 273.16 K，圧力は 0.00603 atm で変化することはない．水の蒸発曲線 TA は三重点から始まり，蒸気圧が 1 atm と等しくなる温度，すなわち**沸点** (boiling

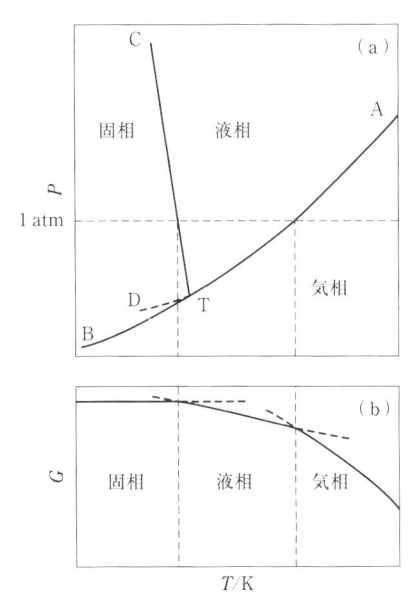

図 8.1 (a) 水の状態図，(b) 氷，水，水蒸気のギブズエネルギー G と絶対温度 T の関係（いずれも模式図）

point) を経て，水と水蒸気の区別がなくなる**臨界点** (critical point)，647.4 K，218 atm で終わる．したがって，臨界点においては $\Delta_{\text{vap}} H$ は 0 となる．

氷は曲線 TB の上，TC の左側の領域で安定に存在する．同様に，水は曲線 TA の上，TC の右側の領域，水蒸気は曲線 TA と TB の下の領域で安定に存在する．それぞれの領域内で温度，圧力ともに選べるので，**自由度** (degree of freedom) は 2 であるという．氷と水は曲線 TC 上でしか共存できない．同様に，氷と水蒸気は曲線 TB 上，水と水蒸気は曲線 TA 上でのみ共存する．曲線上では，温度を選ぶと圧力は自ずから定まるので，自由度は 1 であるという．三重点では温度，圧力ともに指定されているので，自由度は 0 である．

復 氷

例えば，柱状の氷を横たえ，両端に重りを付けた針金を掛けておくと，圧力によって氷が融けて針金が食い込む．通り過ぎた後は圧力が大気圧に戻って，再び凍る現象を復氷という．二つの氷を押し付けておくと凍りつくのも，同じ理由による．スケートの鋭い刃は氷の表面に圧力を加え，水膜を作って潤滑作用をするといわれる．もちろん，氷の温度があまりに低いと，この現象は観察されない．

圧力一定 (1 atm) の条件で温度を上げて，氷，水，水蒸気となるにしたがって S は増大するから，G の右下り勾配 $(-S)$ が大きくなる．これを模式的に図 8.1(b) に表す．

例題 8.4 固体および液体状態にある二酸化炭素の蒸気圧 P/Pa は，それぞれ

$$\ln(P(\text{s})/P°) = 16.091 - 3132/T$$
$$\ln(P(\text{l})/P°) = 10.893 - 2013/T$$

で近似される．三重点の温度と圧力はいくらか．また，三重点における融解熱を求めよ．標準圧力 $P°$ は 100 kPa である．

［解答］三重点では P は等しくなるから，$16.091 - 3132/T = 10.893 - 2013/T$ を解いて $T = 215.3$ K．この値をいずれかの式に代入すれば，$P/100\,\text{kPa} = 4.68$．次に，$\Delta_{\text{sub}} H/\text{kJ mol}^{-1} = 3132 \times 8.314 \times 10^{-3} = 26.04$，$\Delta_{\text{vap}} H/\text{kJ mol}^{-1} = 2013 \times 8.314 \times 10^{-3} = 16.74$ であるから，$\Delta_{\text{fus}} H/\text{kJ mol}^{-1} = 9.30$．

8.5 多　　　形

気相と安定な平衡関係にある固相に**多形**（polymorph），例えばS_αとS_βが考えられる場合の状態図を図8.2(a)に示す．T_1は固相S_α，S_β，気相が共存する三重点，T_2は固相S_β，液相，気相が共存する三重点，T_3は固相S_α，S_β，液相が共存する三重点である．固相S_βはT_1，T_2，T_3で囲まれた領域内でのみ安定に存在できる．このように，多形が状態図上に安定に存在する領域をもつ場合，多形は**互変的**（enantiotropic）であるという．図8.2(b)はその際のGとSの関係である．この種の状態図を示す例としては硫黄がある．

状態図上に安定に存在する領域をもたない多形もある．その場合，安定な固相との関係は**単変的**（monotropic）であるという．図8.3(a)と8.3(b)はこのありさまを示す．準安定な固相S'は過冷却状態にある蒸気，液体，あるい

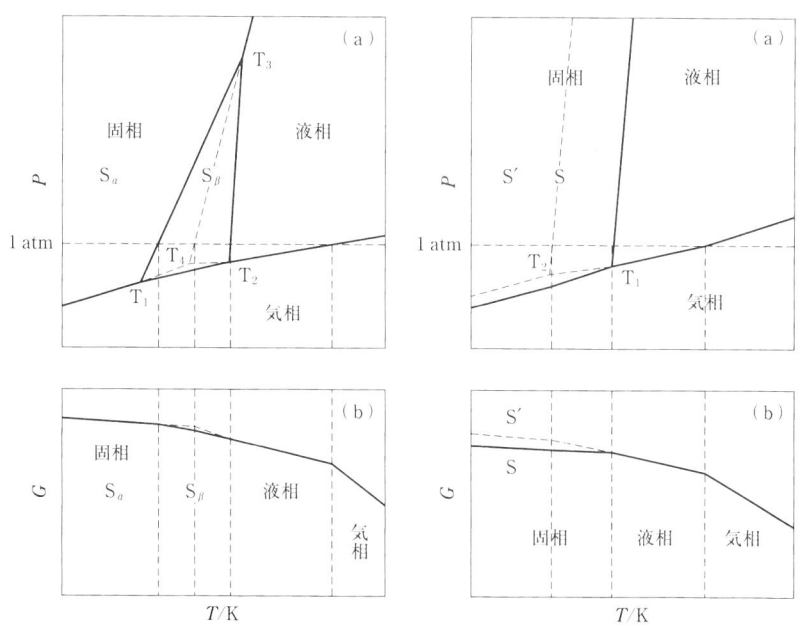

図8.2　(a) 多形が安定である場合の状態図，(b) その場合のGとSの関係（いずれも模式図）

図8.3　(a) 多形が準安定である場合の状態図，(b) その場合のGとSの関係（いずれも模式図）

は溶液から析出する．安定な結晶と**準安定**（metastable）な結晶の構造が著しく異なるときには，常温常圧においては，後者から前者への変化は容易には進行しない．このような理由で，炭酸カルシウムの結晶は安定な方解石と準安定なあられ石の両方の形で見いだされる．

8.6 気体の液化

一定温度における物質の体積と温度の関係は等温線によって表される．ボイルの法則によって，理想気体の等温線はどのような温度にあっても双曲線であって（図2.2参照），液化は期待されない．他方，実在気体では，温度が十分に高いときには等温線は双曲線に近いが，温度を下げると，次第に双曲線からのずれが大きくなって，ついには，図8.4に示す二酸化炭素の場合のように，水平部分をもつ等温線が出現する．

図8.4の点Aでは二酸化炭素は気体で，圧力を増すと体積は著しく減じ，点Bで液化が始まる．さらに圧力を増そうとしても，液化の進行により体積が減少して，圧力はその温度における液体の蒸気圧に等しい値に止まる．点Cで液化は完了し，その後は圧力を増しても，液体の体積はわずかしか減少しないので，等温線CDはほとんど垂直になる．なお，気体と液体が共存すると

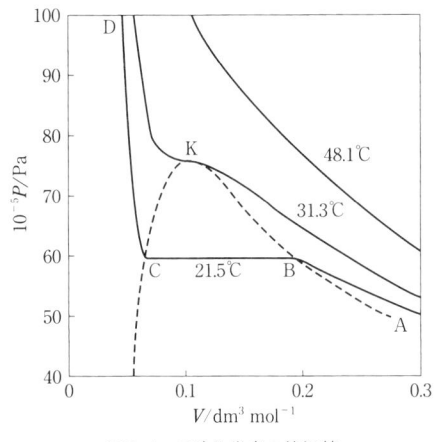

図8.4 二酸化炭素の等温線

表 8.1 気体の臨界定数

	P_c/atm	T_c/K	V_c/cm^3 mol^{-1}
水素	12.8	33.2	65.0
ヘリウム	2.26	5.21	57.8
窒素	33.5	126.3	90.1
酸素	50.1	154.8	78.0
塩素	76.1	417.2	124
アルゴン	48.0	150.7	73.3
メタン	45.8	191.1	99
アンモニア	111	405.5	72.5
水	218	647.4	55.3
二酸化炭素	72.7	304.2	94.0

き，それぞれの 1 mol 当たりの体積，すなわち，**モル体積**（molar volume）は点 B と C で表される．

温度が高くなるにしたがって，B，C 両点は点線で示されているように互いに接近し，水平部分は短くなる．両点が一致する K 点が臨界点であり，気体と液体のモル体積は等しい．このときの温度，圧力，モル体積は物質固有の定数で，それぞれ**臨界温度**（critical temperature），**臨界圧力**（critical pressure），**臨界体積**（critical volume），まとめて**臨界定数**（critical constant）と呼ばれる．表 8.1 に主な気体の臨界定数の値を示す．臨界温度以上では，気体の液化は起こらない．

超臨界溶媒

臨界点よりも温度・圧力ともに高い状態では，物質は液体でもなく気体でもない流体の状態にあり，その性質は通常の液体とは大きく異なる．この超臨界状態にある二酸化炭素の性質はベンゼン，クロロホルム，四塩化炭素，アセトン，エチルエーテルなどの有機溶媒に似ている．このため有機溶媒，特にハロゲン置換炭化水素の使用を避けて，超臨界状態にある二酸化炭素がコーヒーからカフェイン，タバコからニコチンを抽出するのに工業的に利用されている．

例題 8.5 表 8.1 に与えられた水蒸気の臨界定数を用いて，臨界点における式 (2.12) で定義された圧縮因子の値を求め，理想気体に期待される 1 から程遠いことを確かめよ．

［解答］ $Z_c = (218 \times 55.3)/(82.06 \times 647.4) = 0.227$ （表 8.1 の気体の中での

最低値である).

8.7 ファンデルワールスの式

液化を説明するには，実在気体の挙動を表す状態方程式を必要とする．まず，分子間に働く引力を考えに入れよう．容器の内部では，分子はどの方向からも等しく引かれていて，釣り合いがとれている．しかし，分子が容器の壁に衝突する瞬間，すなわち，外壁に対して圧力を示すときには，他の分子は内側方向にしか存在しないので，内側に向かって引力が働く．このため，測定される圧力 P は理想気体としての圧力よりも小さい．圧力の低下は壁に衝突しつつある分子の濃度と，引力を及ぼす内側にある分子の濃度（二つの値は同じ）それぞれに比例する．気体中の分子の分布は無秩序と考えられるから，圧力の低下は気体の濃度 n/V の2乗に比例する．その比例定数を a とすると，分子間に引力が働かない場合に予想される圧力は $[P+a(n/V)^2]$ となる．

次に，分子が有限の大きさをもつため，互いに近づきえない空間を生じ，気体が占める体積の一部が，分子の運動から除外されることを考慮に入れる．分子を直径 d の剛体球と見なすと，半径 d の球の中へ他の分子の中心が入ることはできない（図 8.5 参照）．したがって，一つの分子の周りから，他の分子が排除される体積 $4\pi d^3/3$ は分子の実体積の 8 倍である．互いに接する 1 対の分子を考えると，1 分子当たりの排除体積はその半分の $2\pi d^3/3$ となる．これにアボガドロ数を掛けた値を b とし，気体の量を n とすると，理想気体の状態方程式 (2.6) の V の代わりに $(V-nb)$ を考えればよい．**ファンデルワールス**（J. D. van der Waals, 1837-1923）は，このような考え方によって，フ

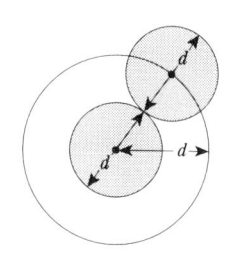

図 8.5　気体分子の排除体積

ァンデルワールスの式 (van der Waals equation) と呼ばれる次の式を導き出した.

$$\left(P+\frac{n^2a}{V^2}\right)(V-nb)=nRT \tag{8.10}$$

あるいは, $n=1$ として

$$\left(P+\frac{a}{V^2}\right)(V-b)=RT \tag{8.11}$$

後者を展開すると

$$PV=RT+Pb-\frac{a}{V}+\frac{ab}{V^2} \tag{8.12}$$

となる. 右辺の最後の項はよほどの高い圧力でない限り無視できるから, これを除外し, 第3項に式 (2.6) を代入すると

$$PV=RT+\left(b-\frac{a}{RT}\right)P \tag{8.13}$$

が得られる. $a=bRT$ を満足する温度においては, 気体は理想気体のように振る舞う. この温度を**ボイル温度** (Boyle temperature) T_B と名付ける. 表8.2には, 表8.1に与えられた臨界定数 P_c と T_c を用いて, 次式によって算出された定数 a と b の値を示す.

$$a=\frac{27R^2T_c^2}{64P_c} \tag{8.14}$$

$$b=\frac{RT_c}{8P_c} \tag{8.15}$$

表8.2 ファンデルワールスの式に用いる定数

	$a/\mathrm{dm}^6\,\mathrm{atm}\,\mathrm{mol}^{-2}$	$b/\mathrm{dm}^3\,\mathrm{mol}^{-1}$
水素	0.245	0.0266
ヘリウム	0.0341	0.0236
窒素	1.35	0.0387
酸素	1.36	0.0317
塩素	6.50	0.0562
アルゴン	1.34	0.0322
メタン	2.27	0.0428
アンモニア	4.21	0.0375
水	5.46	0.0305
二酸化炭素	3.62	0.0429

ファンデルワールス

30歳を過ぎて大学教育を受けたファンデルワールスは，学位論文「液体と気体状態の連続性について」の中で，分子の大きさと分子間引力を考慮したいわゆるファンデルワールスの式を提出して，臨界現象を説明した．この業績が認められて，アムステルダム大学教授に任ぜられ，1910年には「気体および液体の状態方程式に関する研究」でノーベル物理学賞を受けた．ファンデルワールスの式は物理学的な意味に重点を置いていて，実在気体の挙動との完全な一致を目指す式ではない（図8.4と図8.6を比較せよ）．

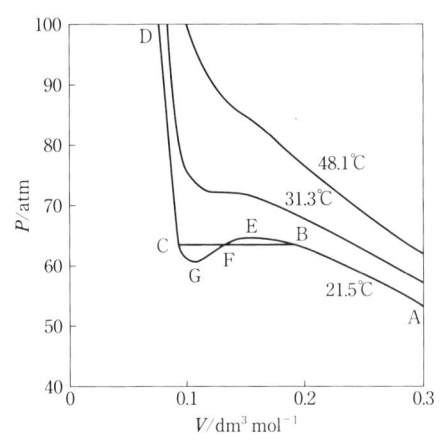

図8.6 ファンデルワールスの式による二酸化炭素の等温線

三つの臨界定数のうち，どの二つを用いるかによって，定数 a と b の値は異なることに注意しよう．

液化は式（8.11）から導かれる等温線

$$P = \frac{RT}{V-b} - \frac{a}{V^2} \tag{8.16}$$

によって，かなりよく表現される．図8.6は二酸化炭素についての計算結果で，臨界温度以下における等温線にはS字状部分があり，極大と極小を生じる．この領域での安定な状態は共存する液体と気体である．現実の等温線は熱力学の第二法則によって，BEFが囲む面積がCFGが囲む面積に等しくなるように引かれた水平線となる．ファンデルワールスの式から得られるS字状

部分は準安定状態を表し，BE は過冷却気体に，CG は過熱液体に対応するが，EFG の部分は具体的な意味をもたない．

例題 8.6 表 8.2 に与えられたメタンの定数 a と b の値を用いて，ボイル温度を求めよ．

［解答］ $T_B/\mathrm{K} = a/bR = 2.27/(0.0428 \times 0.08206) = 646$．

例題 8.7 表 8.2 に与えられた定数 a と b の値を用いて，体積 $2\,\mathrm{dm}^3$ を占める 1 mol のメタンが 25 ℃ において示す圧力を推定せよ．次いで，同じ条件下の理想気体の値を求めて，これと比較せよ．

［解答］ 式 (8.16) を用いて，$P/\mathrm{atm} = 0.08206 \times 298/(2-0.0428) - 2.27/4 = 11.93$．理想気体ならば，$P/\mathrm{atm} = 0.08206 \times 298/2 = 12.23$．

● **まとめ**

(1) 蒸気圧と温度の関係はクラペイロン-クラウジウスの式 (8.5)

$$\frac{\mathrm{d}\ln P}{\mathrm{d}T} = \frac{\Delta_{\mathrm{tr}}H}{RT^2}$$

で近似される．これより，標準圧力 $P°$ における沸点 T_b を用いた式 (8.7) が導かれる．

$$\ln\left(\frac{P}{P°}\right) = -\left(\frac{\Delta_{\mathrm{vap}}H}{R}\right)\left(\frac{1}{T} - \frac{1}{T_b}\right)$$

(2) 分子間に働く引力と分子の体積を考慮に入れた代表的な気体の状態方程式として，ファンデルワールスの式 (8.11)

$$\left(P + \frac{a}{V^2}\right)(V-b) = RT$$

があり，臨界温度以下で加圧すると気体は液化することを説明できる．

問　　題

8.1 低い温度で安定な灰色スズから白色スズへの転移は 18 ℃ で起こり，$4.40\,\mathrm{cm}^3\,\mathrm{mol}^{-1}$ の収縮と $2.091\,\mathrm{kJ\,mol^{-1}}$ の吸熱を伴う．転移温度を 1 ℃ 変化させるに必要な圧力を推定せよ．

8.2 水の沸点における蒸発熱 $40.66\,\text{kJ mol}^{-1}$,水のモル体積 $0.019\,\text{dm}^3\,\text{mol}^{-1}$,水蒸気のモル体積 $30.199\,\text{dm}^3\,\text{mol}^{-1}$ を用い,クラペイロンの式によって,$98\,°\text{C}$ における水の蒸気圧 P/kPa を推定せよ.

8.3 $25\,°\text{C}$ における臭素の蒸発熱 $30.7\,\text{kJ mol}^{-1}$ と蒸気圧 $214\,\text{mmHg}$ を用いて,沸点を推定せよ.

8.4 ヨウ素の蒸気圧が $20,\ 60\,\text{mmHg}$ となる温度はそれぞれ $84.90,\ 105.15\,°\text{C}$ である.これらの値よりヨウ素の昇華熱を求めよ.次に,蒸気圧が $100,\ 200\,\text{mmHg}$ となる温度は融点より高く,それぞれ $116.0,\ 136.5\,°\text{C}$ である.これらの値よりヨウ素の蒸発熱を求めよ.さらに,ヨウ素の融解熱を推定せよ.

8.5 式 (8.8) は $\ln(P/P°) = \Delta_{\text{vap}}S/R - \Delta_{\text{vap}}H/RT = -\Delta_{\text{vap}}G/RT$ と書き改められることを確かめよ(式 (6.16) および例題 6.5 と比較せよ).

8.6 固体および液体の二酸化硫黄の蒸気圧 P/Pa は,それぞれ

$$\ln(P(\text{s})/P°) = 17.772 - \frac{4309}{T}$$

$$\ln(P(\text{l})/P°) = 12.537 - \frac{3284}{T}$$

である.三重点の温度と圧力はいくらか.

8.7 表 8.1 に与えられた酸素の臨界定数を用いて,臨界点における圧縮因子の値を求めよ.

8.8 表 8.2 に与えられたファンデルワールス定数を用いて,酸素のボイル温度を求めよ.

8.9 表 8.2 に与えられたファンデルワールス定数を用いて,体積 $1\,\text{dm}^3$ を占める酸素 $1\,\text{mol}$ が $25\,°\text{C}$ において示す圧力を推定せよ.

8.10 前問と同じ気体が体積 $3\,\text{dm}^3$ を占めるときの圧力を推定して,体積 $1\,\text{dm}^3$ を占めるときとの圧力比を求めよ.

8.11 表 8.2 に与えられたファンデルワールス定数を用いて,酸素圧がそれぞれ $1\,\text{atm},\ 10\,\text{atm},\ 100\,\text{atm}$ のときの $298\,\text{K}$ における圧縮因子の値を推定せよ.

9. 溶液の性質

　分子から成り立つ物質を溶媒に溶かしたときに観察される蒸気圧降下，沸点上昇，凝固点降下，浸透圧などの性質を取り上げる．理想溶液ないしは理想希釈溶液と見なされるならば，これらは溶質の種類に関係なく，その濃度，すなわち分子数だけに依存する性質で，溶質のモル質量の測定に利用できる．しかし，現実に理想溶液と見なされるのは限られた場合だけで，溶液は混合気体に比べると格段と複雑な課題である．

9.1　蒸気圧降下

　純粋な液体は温度によって定まった蒸気圧を示し，その値は式 (8.9) で近似された．液体と蒸気の界面では，液体中の分子の蒸発と気体中の分子の凝縮が行われ，両者は平衡状態にある．ほとんど蒸気圧を示さない不揮発性の物質を液体に溶解すると，溶液から蒸発する分子数は，純粋な溶媒の場合に比べて減少する．その結果，溶液の蒸気圧は純溶媒の蒸気圧よりも低い．

　ラウール (F. M. Raoult, 1830-1901) は，揮発性の溶媒 100 g に不揮発性の溶質を溶解したとき，蒸気圧は純溶媒 A の蒸気圧 P_A^* から p_A に降下し，それらの値と溶質の物質量 n_B の間に，次式が成り立つことを見いだした．

$$\frac{P_A^* - p_A}{P_A^*} = n_B K \tag{9.1}$$

K は溶質の種類に無関係な定数で，これを溶媒のモル質量 M_A で割ると，溶媒にも無関係におよそ 0.01 となることを認めた．ラウールが得た結果の一部

表 9.1 溶液の蒸気圧に関するラウールの実験結果

溶媒	M_A	K	K/M_A
水	18	0.185	0.0102
四塩化炭素	154	1.62	0.0105
エチルエーテル	74	0.71	0.0096
アセトン	58	0.59	0.0101
メタノール	32	0.33	0.0103

を表 9.1 に示す．

溶質のモル質量を M_B とすると，この溶液中の溶質のモル分率は

$$x_B = \frac{w_B/M_B}{100/M_A + w_B/M_B}$$

で与えられ，希薄溶液では $100/M_A \gg w_B/M_B$ であるから

$$x_B \fallingdotseq \frac{w_B/M_B}{100/M_A} = \frac{n_B M_A}{100}$$

となる．これを式 (9.1) に代入し，$K/M_A \fallingdotseq 0.01$ を用いると，次式が得られる．

$$\frac{P_A^* - p_A}{P_A^*} = n_B K \fallingdotseq \left(\frac{100 x_B}{M_A}\right) K \fallingdotseq x_B \tag{9.2}$$

溶液中の溶媒のモル分率 x_A を用いて書き改めると

$$p_A = (1 - x_B) P_A^* = x_A P_A^* \tag{9.3}$$

となる．これを**ラウールの法則**（Raoult's law）と呼ぶ．希薄溶液中の溶質分子間の距離は遠く，溶質分子は溶媒分子に取り囲まれた状態にある．そのような状態では，蒸気圧降下は溶質の種類に無関係で，濃度だけで定まることをこの式は示している．

例題 9.1 100 g の水に不揮発性の物質 18.04 g を溶解したところ，水の蒸気圧は 2.332 kPa から 2.291 kPa へ降下した．この物質のモル質量はいくらか．

［解答］ $(2.331 - 2.291)/2.332 \fallingdotseq (18.04/M_B)/(100/18)$ を解いて，$M_B/\text{g mol}^{-1} = 185$．

9.2 沸点上昇

　液体を加熱すると，蒸気圧が大気圧と等しくなった温度で，液体内部からも気体が発生する．このときの温度を**沸点**（boiling point）という．揮発性溶媒に不揮発性溶質を溶解すると，溶液の蒸気圧はラウールの法則にしたがって減少するから，溶液中の溶媒の蒸気圧が大気圧に等しくなる温度，すなわち溶液の沸点は純溶媒の沸点よりも多少とも高くなる．この現象を**沸点上昇**（boiling-point elevation）という．非電解質の希薄溶液では沸点の上昇 ΔT_b は溶質の質量モル濃度 m_B に比例する．すなわち

$$\Delta T_b = K_b m_B$$

この比例係数 K_b は溶媒の種類によって定まり，溶質の種類には関係しない．

　以下，**沸点上昇定数**（boiling-point elevation constant）と呼ばれる K_b について考察を加える．純溶媒の圧力 P_A^* が標準圧力 $P°$ に等しい温度，すなわち標準沸点を T_b，溶液中の溶媒の圧力 $x_A P_A^*$ が $P°$ に達する温度を T_b' で表すと，T_b' においては

$$P_A^* = \frac{P°}{x_A}$$

である（図9.1参照）．溶液の沸点 T_B'（溶媒の蒸気圧 $P°/x_A$）と溶媒の沸点

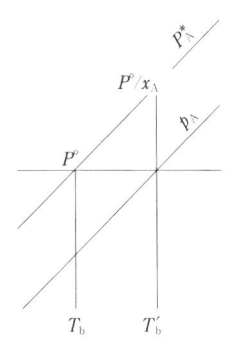

図9.1　蒸気圧降下と沸点上昇の関係

T_b（溶媒の蒸気圧 $P°$）を取り上げて，式 (8.7) を適用すると

$$\ln\left(\frac{P°/x_A}{P°}\right) = -\left(\frac{\Delta_{vap}H}{R}\right)\left(\frac{1}{T_b'} - \frac{1}{T_b}\right)$$

したがって

$$-\ln x_A = -\left(\frac{\Delta_{vap}H}{R}\right)\left(\frac{1}{T_b'} - \frac{1}{T_b}\right)$$

$$= -\left(\frac{\Delta_{vap}H}{R}\right)\left(\frac{T_b - T_b'}{T_b T_b'}\right) \tag{9.4}$$

を得る．ここで，$T_b < T_b'$ であることに注意しよう．

溶液が希薄であれば，

$$\frac{1}{T_b} - \frac{1}{T_b'} = \frac{T_b' - T_b}{T_b T_b'} \fallingdotseq \frac{\Delta T_b}{T_b^2}$$

の近似が成り立ち，さらに

$$\ln x_A = \ln(1 - x_B) \fallingdotseq -x_B$$

の近似も成り立つ（付録．数学の知識の級数展開を参照せよ）．x_B は溶質のモル分率である．m_B を溶媒 1 kg 中の溶質 B の物質量，すなわち，質量モル濃度とし，溶媒 A の物質量を m_A とすると

$$x_B = \frac{m_B}{m_B + m_A}$$

である．さらに，溶媒のモル質量を M_A kg mol^{-1} とすると

$$m_A = \frac{1}{M_A}$$

であり，希薄溶液では $m_B \ll m_A$ であるから，式 (9.4) は

$$x_B \fallingdotseq m_B M_A \fallingdotseq \frac{\Delta_{vap}H}{R}\frac{\Delta T_b}{T_b^2}$$

となる．これを ΔT_b について解くと

$$\Delta T_b \fallingdotseq \frac{x_B R T_b^2}{\Delta_{vap}H} \fallingdotseq K_b m_B \tag{9.5}$$

を得る．したがって，K_b の内容は次式で表される．

$$K_b = \frac{M_A R T_b^2}{\Delta_{vap}H} \tag{9.6}$$

右辺の M_A，T_b，$\Delta_{vap}H$ はいずれも純溶媒に関する値であるから，K_b は溶媒

表 9.2 エチルエーテル溶液の沸点上昇に関するベックマンの実験結果

溶質	M_B	w_B/g	ΔT_b	$\Delta T_b/m_B$
ナフタレン	128	20.11	0.337	2.145
フェノール	97	46.41	1.010	2.046
アニリン	93	21.53	0.484	2.091
ヒドロキノン	110	19.13	0.357	2.053
安息香酸エチル	150	47.4	0.665	2.104

に固有の値となる．**ベックマン** (E. O. Beckmann, 1853-1923) がエチルエーテル1kgに溶質 w g を溶解して，沸点上昇を測定した結果の一部を表9.2に示す．なお，$T_b=307.9$ K と $\Delta_{vap}H/M_A=377$ J g^{-1} を式 (9.6) に代入して計算される K_b の値は 2.11 である．

例題 9.2 水の沸点における蒸発のエンタルピーを 40.66 kJ mol^{-1}，モル質量を 0.01800 kg mol^{-1} として，水の沸点上昇定数を求めよ．

[解答] K_b/K kg mol^{-1} = $0.018 \times 8.314 (373)^2/(40.66 \times 10^3)$ = 0.512．

9.3 凝固点降下

液体が固体になる変化を凝固という．その温度が**凝固点** (freezing point) で，値は融点に等しい．溶液の凝固点は純溶媒の凝固点よりも低い．これを**凝固点降下** (freezing-point depression) という．この凝固点降下 ΔT_f も希薄溶液では，溶質の種類に関係なく質量モル濃度 m_B に比例する．すなわち

$$\Delta T_f = K_f m_B$$

凝固点降下定数 (freezing point depression constant) と呼ばれる比例定数 K_f は，どのような溶媒の性質の組み合わせで定まるのかを次に述べる．融点 T_f は 1 atm 程度の圧力には影響されないから，図9.2の純溶媒の蒸気圧曲線と固相の蒸気圧曲線が交差する点，すなわち三重点 T の温度で近似される．同様に，溶液の融点 T_f' は溶液の蒸気圧曲線と純溶媒の固相の蒸気圧曲線が交差する T′ の温度で近似できる．それぞれの交点における蒸気圧を P_f, P_f' と

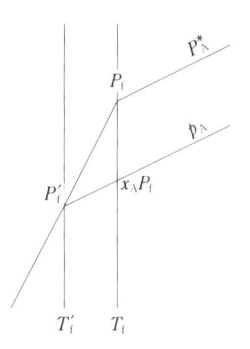

図9.2 蒸気圧降下と凝固点降下の関係

して，固相の蒸気圧に式 (8.7) を適用すると

$$\ln\left(\frac{P_\mathrm{f}'}{P_\mathrm{f}}\right)=-\left(\frac{\Delta_\mathrm{sub}H}{R}\right)\left(\frac{1}{T_\mathrm{f}'}-\frac{1}{T_\mathrm{f}}\right) \tag{9.7}$$

$\Delta_\mathrm{sub}H$ は昇華のエンタルピーである．

温度 T_f における溶液の蒸気圧はラウールの法則により $x_\mathrm{A}P_\mathrm{f}$ であるから，溶液と溶媒の蒸気圧に式 (8.7) を適用すると

$$\ln\left(\frac{P_\mathrm{f}'}{x_\mathrm{A}P_\mathrm{f}}\right)=-\left(\frac{\Delta_\mathrm{vap}H}{R}\right)\left(\frac{1}{T_\mathrm{f}'}-\frac{1}{T_\mathrm{f}}\right) \tag{9.8}$$

が得られる．式 (9.7) から式 (9.8) を差し引き

$$\Delta_\mathrm{fus}H=\Delta_\mathrm{sub}H-\Delta_\mathrm{vap}H \tag{9.9}$$

を考慮すると

$$\ln x_\mathrm{A}=-\left(\frac{\Delta_\mathrm{fus}H}{R}\right)\left(\frac{1}{T_\mathrm{f}'}-\frac{1}{T_\mathrm{f}}\right) \tag{9.10}$$

が得られる．なお，融点に関しては $T_\mathrm{f}>T_\mathrm{f}'$ である．

式 (9.10) からは

$$\Delta T_\mathrm{f}\fallingdotseq\frac{x_\mathrm{B}RT_\mathrm{f}^2}{\Delta_\mathrm{fus}H}\fallingdotseq K_\mathrm{f}m_\mathrm{B} \tag{9.11}$$

が得られ，K_f は

$$K_\mathrm{f}=\frac{M_\mathrm{A}RT_\mathrm{f}^2}{\Delta_\mathrm{fus}H} \tag{9.12}$$

表 9.3　凝固点降下定数

化合物	M_A/g mol^{-1}	T_f/K	$\Delta_{fus}H$/kJ mol^{-1}	K_f/K mol^{-1} kg
水	18.015	273.15	6.01	1.86
酢酸	60.05	289.77	11.7	3.58
ベンゼン	78.11	278.69	9.837	5.13
ベンゾフェノン	182.22	321.41	17.9	8.74
トリブロモメタン	252.73	281.21	11.1	15.0
シクロヘキサン	84.16	279.71	2.68	20.4
シクロヘキサノール	100.16	297.1	1.71	43.0

で定義されることが知れる．式 (9.5)，式 (9.11) ともに，溶質のモル質量 M_B の概略の値を求めるのに利用される．

式 (9.12) から明らかなように，溶媒のモル質量 M_A が大きいか，融解熱が小さい物質を溶媒に用いれば，凝固点降下定数は大きくなる．表 9.3 に示す溶媒には，特に大きな K_f をもつ物質を含めてある．

例題 9.3　8.0 質量%のスクロース（蔗糖）の水溶液の凝固点降下は 0.49 °C である．この結果に基づいてスクロースのモル質量を求めよ．なお，水のモル凝固点降下定数は 1.86 K mol^{-1} kg とせよ．

［解答］　水 920 g にスクロース 80 g を，水 1 kg 当たりに換算すると，スクロース 87 g となるから，$m_B=87/M_B=0.49/1.86$，これを解くと，M_B/g mol^{-1} =330（正確な値は 342.3）．

9.4　理想溶液

各成分の分圧がラウールの法則にしたがう溶液を**理想溶液**（ideal solution）という．溶媒と見なす A のモル分率を用いて，液相の組成を $x_{A,l}$，気相の組成を $x_{A,g}$ で表すことにしよう．いずれも 0 から 1 まで変化できる．平衡状態における $x_{A,g}$ と $x_{A,l}$ の関係は，式 (9.3) によって

$$x_{A,g} = \frac{x_{A,l}P_A^*}{x_{A,l}P_A^* + x_{B,l}P_B^*}$$
$$= \frac{x_{A,l}P_A^*}{P} \tag{9.13}$$

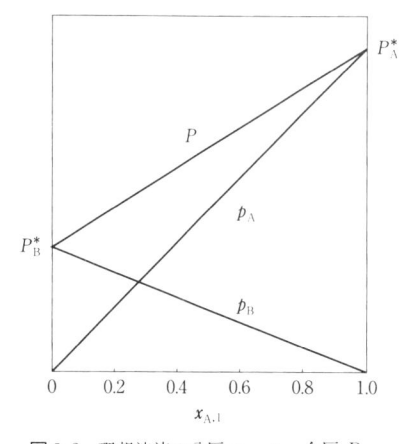

図 9.3 理想溶液の分圧 p_A, p_B, 全圧 P と溶液の組成 $x_{A,l}$ の関係

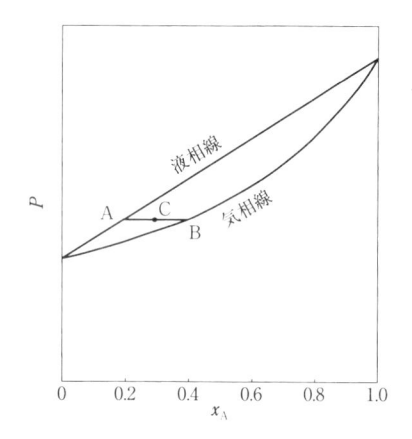

図 9.4 理想溶液の互いに平衡にある液相と気相の組成

で与えられる．P は溶液の蒸気圧で，$P_A^* = P_B^*$ でない限り $P_A^* \neq P$ で，$x_{A,g} \neq x_{A,l}$ である．図 9.3 は分圧 p_A, p_B および全圧 P と $x_{A,l}$ の関係を，図 9.4 は P と $x_{A,l}$ および $x_{A,g}$ の関係を表したものである．

図 9.4 の 2 本の線は互いに平衡にある液相と気相の組成を表し，任意の圧力 P においては液相の組成は点 A で，気相の組成は点 B で与えられる．前者から得られる直線，すなわち，液相の組成と全蒸気圧の関係を**液相線**（liquidus）（横軸は $x_{A,l}$），後者から得られる曲線，すなわち，全蒸気圧と気相の組成の関係を**気相線**（vapor phase line）（同じ図ではあるが，横軸は $x_{A,l}$ ではなく $x_{A,g}$）と名付ける．液相線より上の領域では液相だけが，気相線より下の領域では気相だけが見いだされ，二つの線に囲まれた領域では，液相と気相が共存する．

液相中の分子は接近して存在し，分子間相互作用は無視できない．理想溶液として振る舞うには，A 分子どうし，B 分子どうし，さらには A と B 分子間の相互作用がほぼ等しいことが必要で，この条件を満足する液体の組み合わせは多くはない．例えば，アセトン-クロロホルム系の全圧と液相の組成の関係には，図 9.5 に見るように極小点が，エタノール-クロロホルム系の全圧と液相の組成の関係には，図 9.6 に見るように極大点が見られ，理想溶液からは程遠い．

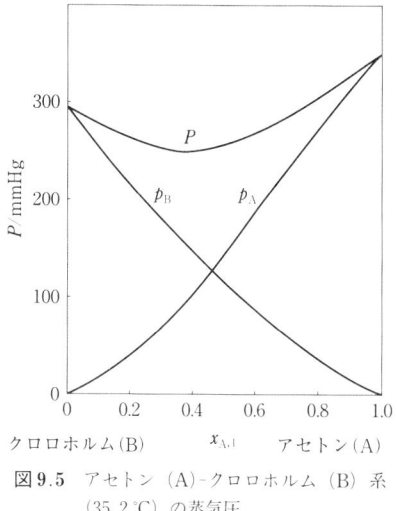

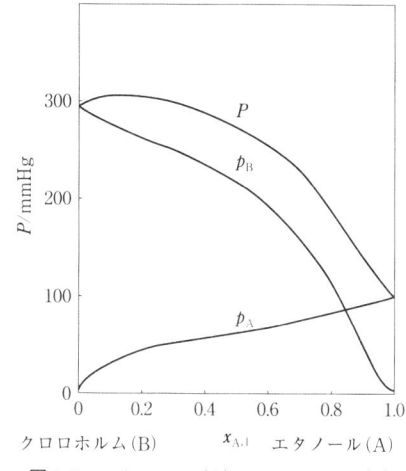

図 9.5 アセトン (A)‑クロロホルム (B) 系 (35.2 ℃) の蒸気圧

図 9.6 エタノール (A)‑クロロホルム (B) 系 (35 ℃) の蒸気圧

図 9.4 に示す理想溶液に近い挙動を示すベンゼン‑トルエン系では, 25 ℃, モル分率 0.5 における混合エンタルピーは 68 J mol^{-1} にすぎないが, 図 9.5 に示すアセトン‑クロロホルム系の対応する値は -1.7 kJ mol^{-1} と大きく, 前者の 25 倍に達する.

例題 9.4 ベンゼン‑トルエン系が示すトルエンの蒸気圧は, ベンゼンの沸点において 0.384 atm である. この系は理想溶液として振る舞うと仮定して, 溶液中のベンゼンのモル分率がそれぞれ 1/4, 1/2, 3/4 であるとき, これと平衡にある蒸気の組成を求めよ.

[解答] 式 (9.13) により, ベンゼンのモル分率はそれぞれ 0.465, 0.723, 0.887.

9.5 気体の溶解度

気体の溶媒への溶解度は, その組み合わせによってかなり異なる. 一定量の溶媒に溶ける気体の質量は圧力が大きくなるにしたがって大きくなる. 固体の溶解度は温度が高くなるほど大きくなるのとは逆に, 気体の溶解度は温度が高

くなるにしたがって小さくなる．これは温度が高いと，溶液中の分子の熱運動が激しくなり，溶質の気体分子が溶液の外へ飛び出しやすくなることで説明される．溶解度のさほど大きくない気体では「一定温度で一定量の溶媒に溶解する気体の量は，その気体の圧力に比例する」．

希薄溶液では $x_B \propto n_B$（あるいは m_B）であるから，比例定数 K_H を用いて

$$x_B = K_H p_B \tag{9.14}$$

これはヘンリー（W. Henry, 1774-1836）が 1803 年に発見した事実で，**ヘンリーの法則**（Henry's law）と呼ばれる．この法則は「ある温度で一定量の溶媒に溶解する気体の体積は圧力に無関係に一定である」と表現することもできる．例えば，一定温度で一定体積の溶媒に，1 atm においてある気体が n mol，体積にして V dm^3 溶解したとしよう．圧力を 2 倍にすれば，式 (9.14) によって，$2n$ mol の気体が溶解するが，その体積はボイルの法則，式 (2.1) により，V dm^3 であることには変わりはない．

ダイビングとヘンリーの法則

水に深く潜ったとき，水圧によって肺が押し潰されないためには，呼吸に使用する気体の圧力を水圧に釣り合わせることが肝要である．しかし，酸素圧が 2 atm を超えるとけいれんの原因となるので，他の気体で希釈しなければならない．そして，空気の成分である窒素は高圧では麻酔作用をもつ．さらに，水面に戻ったとき，ヘンリーの法則によって多量に体内に取り込まれた気体が急激に放出される危険を避けるには，希釈に用いる気体の溶解度が小さいことが望ましい．表 9.4 に見るようにヘリウムがこの条件を満たすので，ダイビングには窒素-ヘリウム-酸素混合気体が使用される．

表 9.4 にヘリウム，水素などが 25 ℃，1 atm で水またはヘキサンに溶解する際のモル分率，およびそれを溶媒 100 cm^3 当たりに溶解する気体の体積に換算した結果を示す．

理想溶液に成り立つ式 (9.3) を書き改めると（図 9.3 参照）

$$x_{B,l} = \frac{p_B}{P_B^*} \tag{9.15}$$

が得られるが，B 分子が主として A 分子で取り囲まれている希薄溶液では，

9.5 気体の溶解度

表 9.4 25℃，1 atm の気体の溶解度．モル分率 x_B および溶媒 100 cm³ に溶ける気体の体積 V

気体	溶媒	x_B	$V/100\text{ cm}^3$
ヘリウム	水	0.00000700	0.95
水素	水	0.0000141	1.92
窒素	水	0.0000118	1.60
酸素	水	0.0000229	3.11
メタン	水	0.0000253	3.44
ヘリウム	ヘキサン	0.000260	4.84
水素	ヘキサン	0.000663	12.3
窒素	ヘキサン	0.00141	26.3
酸素	ヘキサン	0.00198	36.9
メタン	ヘキサン	0.00501	93.3

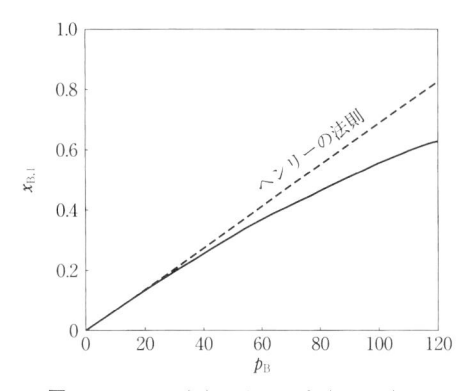

図 9.7 メタン（B）-ヘキサン系（-25℃）における $x_{B,l}$ と p_B の関係

溶質 B の蒸気圧に，この関係式が成り立つことは期待しがたい．したがって，図 9.7 に見られるように，希薄溶液における $x_{B,l}/p_B$ を表現するには，式 (9.15) の P_B^* の代わりに $x_{B,l} \to 1$ へ補外して求められる仮想的な圧力を必要とする．

例題 9.5 圧力が 1 atm のとき，温度 0 ℃ で 100 cm³ の水に溶ける酸素の体積は 4.9 cm³ である．圧力が 5 atm のとき，0 ℃ で 100 cm³ の水に溶解する酸素の物質量はいくらか．

［解答］ 5 atm では，1 atm における体積に換算すると，5×4.9 cm³ の酸素

が溶解するので，$24.5 \text{ cm}^3/(22.4\times10^3 \text{ cm}^3 \text{ mol}^{-1}) = 1.09\times10^{-3} \text{ mol}$．

9.6 分配平衡

「互いに接触しているわずかしか溶け合わない二つの液相ⅠとⅡに，一つの溶質が分配されるとき，各液相における溶質の濃度 c_I，c_II の比は一定温度においては一定である」．すなわち

$$\frac{c_\text{II}}{c_\text{I}} = K_\text{D} \tag{9.16}$$

は，1891年にネルンストによって認められた関係で，**分配の法則**（partition law）と呼ばれる．K_D は溶媒と溶質に関係する定数である．

例えば，水とヘキサンそれぞれに，同じ圧力の窒素が溶解して平衡に達したとする．ヘンリーの法則によって，二つの液相中の窒素のモル濃度の比は，圧力の値には無関係に，25℃においては，表9.4の値に基づいて

$$\frac{c_\text{II}}{c_\text{I}} = \frac{V_\text{II}}{V_\text{I}} = 16.4$$

と期待される．しかし，分配平衡を考えたときには，水とヘキサンは多少とも相互に溶解するため，値の一致までは望めない．

分配の法則が成り立つためには，溶質分子が二つの希薄溶液中で同じモル質量をもつことが必要である．溶質分子の会合や解離がある場合には，法則は二つの液相中の同じ分子種に適用される．したがって，分配係数を測定することで，溶液中の分子の会合や解離を解析することができる．

分配の法則は**抽出**（extraction）の基礎ともなる．

例題 9.6 ある溶質の溶液Ⅰ中の濃度を c_I，溶液Ⅱ中の濃度を c_II とし，前者では主として二量体，後者では単量体として溶解して，平衡状態にあると仮定すると，$c_\text{II}{}^2/c_\text{I} ≒$ 一定となることを示せ．

[解答] 溶液Ⅰ中の二量体の解離度を $\alpha \ll 1$ とすると，解離定数は $K_\text{c} ≒ 2(c_\text{I}\alpha)^2/c_\text{I}$ で表され，単量体の濃度は $c_\text{I}\alpha ≒ (c_\text{I}K_\text{c}/2)^{1/2}$ で近似される．したがって，$c_\text{II}/c_\text{I}\alpha \propto c_\text{II}/c_\text{I}{}^{1/2}$，すなわち $c_\text{II}{}^2/c_\text{I} ≒$ 一定．

9.7 浸 透 圧

浸透圧の測定には，溶質分子は通さないで溶媒分子だけを通す膜，すなわち**半透膜**（semipermeable membrane）を必要とする．溶液と溶媒を半透膜を用いて接触させると，溶媒分子が半透膜を通って溶液中に移り，溶液の濃度は次第に減少する．この現象が**浸透**（osmosis）で，溶媒の浸透を防ぐには，溶液側の液面に余分な圧力を加える必要がある．すなわち，半透膜を隔てて純溶媒に接している溶液には，純溶媒側から圧力が加わる．この圧力を**浸透圧**（osmotic pressure）という．

ドイツの植物学者**ペッファー**（F. P. Pfeffer, 1845-1920）はスクロース（蔗糖）の水溶液を用いて，13.2 ないし 16.1 ℃ で浸透圧の測定を行い，表 9.5 の結果を得た．ペッファーが用いた半透膜は素焼きの筒の中に沈殿させたヘキサシアノ鉄（II）酸銅であった．

ファントホッフはペッファーが得た浸透圧 Π と濃度 w_B の関係を検討し，一定温度では両者の比 Π/w_B はほぼ一定で，圧力は濃度に比例すると結論し

表9.5　スクロース水溶液の浸透圧に関するペッファーの実験結果 (I)

$w_B/\%$	Π/mmHg	Π/w_B	$c_B/\mathrm{mol\,dm^{-3}}$	$c_B RT$	Π/atm
1	535	535	0.029	0.69	0.70
2	1016	508	0.058	1.37	1.34
2.74	1518	554	0.080	1.89	2.00
4	2082	521	0.117	2.77	2.74
6	3075	513	0.175	4.13	4.04

逆浸透と海水の淡水化

溶液側に浸透圧以上の圧力を加えれば，溶媒分子は半透膜を通じて溶液側から純溶媒側へ移動する．浸透とは逆方向に進むこの現象を逆浸透という．物質の濃縮，分離に逆浸透を応用することが提案されたのは1953年のことである．水分子は通すが塩化ナトリウムは通さない膜があれば，浸透圧以上の圧力を海水に加えると，膜を通して純水が得られるはずである．その性能をもつ逆浸透膜が開発され，海水が純水に対して示すおよそ 23 atm の浸透圧の 2 倍程度の圧力を加えて，海水を淡水化する技術が確立されている．

表 9.6 スクロース水溶液の浸透圧に関する
ペッファーの実験結果（II）

$t/°C$	Π/atm	Π/T	P/atm
6.8	0.664	2.37×10^{-3}	0.671
13.7	0.691	2.41×10^{-3}	0.688
14.2	0.671	2.34×10^{-3}	0.689
15.5	0.684	2.37×10^{-3}	0.692
22	0.721	2.44×10^{-3}	0.708
32	0.716	2.35×10^{-3}	0.732
36	0.746	2.41×10^{-3}	0.741

た．これは気体に関するボイルの法則に相当する．

さらに，ペッファーが 1% のスクロース水溶液の浸透圧を温度の関数として測定した結果を表 9.6 に示す．ファントホッフは希薄溶液の浸透圧と絶対温度の間には，一定体積では $\Pi/T=$ 一定が成り立つと見なして，1/342 g のスクロースと同数の分子を含む，すなわち 2.92×10^{-3} mol の気体の圧力 P との比較を試みた．ただし，表 9.6 の右端に示したのは，ファントホッフが得た値ではなく，今日の物理定数を使用して計算した値である．

これらの結果に基づいて，ファントホッフは希薄溶液の浸透圧 Π には，理想気体の状態式に類似の

$$\Pi V = n_\mathrm{B} RT \tag{9.17}$$

もしくは，$n_\mathrm{B}/V = c_\mathrm{B}$ を用いると

$$\Pi = c_\mathrm{B} RT \tag{9.18}$$

の関係が溶媒や溶質の種類に関係なく成り立つと結論した．表 9.5 の 4 列目には，$V \fallingdotseq 100$ cm³ として求めた c_B の値，5 列目にはこれを用いて計算された $c_\mathrm{B}RT$（$T=288$ K を仮定）の値，最後の列に atm 単位とした Π の値を比較のために示した．浸透圧の測定は容易ではなく，誤差が大きいことを考慮すると，計算値と測定値はほぼ一致しているといえよう．

例題 9.7 水 1 kg にグルコース 18.01 g を溶かした溶液を用い，23 °C において 2.39 atm の浸透圧を得たとして，グルコースのモル質量を求めよ．

[解答] $2.39 = (18.01/M) \times 0.08206 \times 296$ を解いて，$M/\text{g mol}^{-1} = 183$ (正確な値は180).

●まとめ

(1) 蒸気圧降下に関するラウールの法則，すなわち式 (9.3) が全組成領域にわたって各成分に成り立つ溶液を理想溶液という．

(2) 沸点上昇には式 (9.5) $\Delta T_b \fallingdotseq K_b m_B$.

(3) 凝固点降下には式 (9.11) $\Delta T_f \fallingdotseq K_f m_B$.

(4) 気体の溶解度にはヘンリーの法則，すなわち式 (9.14) $x_B = K_H p_B$.

(5) 浸透圧には式 (9.18) $\Pi = c_B RT$ が成り立つ．

問　題

9.1 292 K におけるエタノール（モル質量 46.07 g mol^{-1}）の蒸気圧は 40.00 mmHg である．エタノール 100 g に 1.032 g の不揮発性物質を添加したところ，0.432 mmHg の蒸気圧の低下が見られた．この不揮発性物質のモル質量はいくらか．

9.2 360 K において，ベンゼンの蒸気圧は 1.242×10^2 kPa，トルエンの蒸気圧は 0.586×10^2 kPa である．それぞれがラウールの法則に従うとして，1 atm で沸騰する混合物の組成，次いで，この混合物を蒸留したとき，初めに凝縮する混合物の組成を推定せよ．

9.3 図 9.4 において，系全体の組成（成分 A のモル分率 x_A）が点 C で与えられるとき，液相と気相それぞれにある物質の量 n_l, n_g の比は BC : AC となることを示せ．

9.4 二硫化炭素 100 g 当たり 2.120 g の硫黄を溶かした溶液の沸点上昇は 0.195 °C であった．二硫化炭素の沸点上昇定数を 2.375 K mol^{-1} kg として，硫黄のモル質量を求めよ．

9.5 2.59 質量％の酢酸を含むベンゼン溶液の凝固点降下は 1.063 K である．この結果より酢酸のモル質量を求めよ．なお，ベンゼンの凝固点降下定数は 4.902 K mol^{-1} kg とせよ．

9.6 空気の 80％ は窒素，20％ は酸素として，0 °C における水中の窒素と酸素の量の比を求めよ．なお，窒素の溶解度は 1.051×10^{-6} mol g^{-1}，酸素の溶解度は 2.183×10^{-6} mol g^{-1} である．

9.7 前問の結果を用いて，1 atm の空気で飽和されたとき，水の凝固点はいくら

降下するかを求めよ．なお，水のモル凝固点定数は $1.86 \text{ K mol}^{-1} \text{ kg}$ である．

9.8 25℃において，四塩化炭素と水の間の酢酸の分配を測定した結果，次の値が報告されている．酢酸は四塩化炭素中では主として二量体，水中では主として単量体として存在することを示せ．

$c_\text{I}/\text{mmol cm}^{-3}$	0.292	0.363	0.725	1.07	1.41
$c_\text{II}/\text{mmol cm}^{-3}$	4.87	5.42	7.98	9.69	10.7

9.9 25℃において，四塩化炭素（1）と水（2）の間のヨウ素の分配係数 c_1/c_2 として 53.5 を得たとする．水の代わりに濃度 $0.9940 \text{ mol kg}^{-1}$ のヨウ化ナトリウム水溶液を用いて，次の平衡濃度を得た．水溶液中の平衡定数 $K = [\text{I}_2][\text{I}^-]/[\text{I}_3^-]$ の値を求めよ．

$$c_1/\text{mol kg}^{-1} = 0.003592$$
$$c_2/\text{mol kg}^{-1} = 0.04452$$

9.10 I を溶媒とする溶液 $V \text{ dm}^3$ 中に溶質 m mol が含まれている．これに溶媒 I とは混ざらない溶媒 II の同体積を加えて抽出を行ったとして，溶液に残る溶質の量 m' を与える式を求めよ．その際，各溶媒における溶質のモル濃度を c_I, c_II とすると，$c_\text{II}/c_\text{I} = K$ が成り立つとせよ．次に，溶媒 II を $(V/2) \text{ dm}^3$ ずつ 2 回に分けて抽出を行ったとして，溶液に残る溶質の量それぞれ m_1' と m_2' を与える式を求めよ．$K = 10$ を仮定したとき m'/m_2' の値はいくらとなるか．

9.11 濃度 33.5 g dm^{-3} のスクロースの水溶液を用い，20℃において浸透圧 2.59 atm を得たとして，スクロースのモル質量を算出せよ．

10. 電解質溶液

　純粋な水は電気を通しにくいが，塩化ナトリウムを溶解すると，よく電気を通すようになる．1887年にアレニウスは，塩化ナトリウムを水に溶かすと，直ちに電離することを提案した．このように，電離して溶解する物質を電解質という．この章では，水溶液中の電解質の標準生成エンタルピー，水和熱，次いで電解質を水に溶解する際の溶解熱，希釈熱を取り扱う．さらに，電解質水溶液の伝導度とそれを利用した弱電解質の解離定数の評価に触れる．

10.1　強電解質と弱電解質

　NaClやHClを水に溶解すると，**陽イオン**（cation）と**陰イオン**（anion）に解離する．この現象を**電離**（electrolytic dissociation），電離して溶解する物質を**電解質**（electrolyte）と名付ける．電離の割合を**電離度**（degree of electrolytic dissociation）といい，その大小によって，電解質は次の2種に分類される．強酸，強塩基およびそれらから生じる塩は，溶液中でほとんど完全にイオンに解離していると考えられ，**強電解質**（strong electrolyte）と呼ばれる．しかし，濃厚溶液ではイオン間の静電的相互作用を無視することはできない．一方，弱酸，弱塩基のように，溶液中ほとんどが分子のまま存在し，部分的にイオンに解離するものを**弱電解質**（weak electrolyte）という．そして，電離によって生じたイオンと元の分子の間に成り立つ化学平衡を，**電離平衡**（ionization equilibrium）という．

　NaClのように1価の陽イオンと陰イオン1個ずつ合計2個に解離するもの

アレニウス

スウェーデンの出身で,「電解質溶液の理論に関する研究」に対して,1903年度のノーベル化学賞を受賞した.ファントホッフ,オストワルトとともに,物理化学の確立に貢献した.19世紀後半,ドイツでは化学工業の隆盛をもたらした有機合成化学の全盛時代にあったため,ドイツで化学を専攻すると,ほとんどが有機化学を修めるありさまであった.この3人はいずれもドイツ以外の地で化学を専攻した人たちである.

を一価二元電解質,$BaCl_2$ や K_2SO_4 のように2価のイオンと1価のイオン2個の合計3個に解離するものを二価三元電解質という.**アレニウス** (S. A. Arrhenius, 1859-1927) は,分子の完全解離を仮定したとき,n 個のイオンを生じる n 元電解質において,電離度を α とすると,$n\alpha$ 個のイオンと $(1-\alpha)$ 個の分子が存在するから,1分子から生じる粒子数 i は,次式で与えられると考えた.

$$i = (1-\alpha) + n\alpha = 1 + (n-1)\alpha \tag{10.1}$$

しかし,次の事実を考慮すると,解釈は単純にすぎる.強酸である硫酸は二価三元電解質であって,その解離は2段階に起こる.すなわち

$$H_2SO_4 + H_2O \rightleftharpoons H_3O^+ + HSO_4^-$$
$$HSO_4^- + H_2O \rightleftharpoons H_3O^+ + SO_4^{2-}$$

この1段階目の解離定数は測定できないほど大きいが,硫酸水素イオン HSO_4^- の**電離定数** (electrolytic dissociation constant) は $0.012\ mol\ dm^{-3}$ にすぎない.したがって,希硫酸中には,アレニウスが想定した H_3O^+ イオンと SO_4^{2-} イオンのみならず,HSO_4^- イオンが存在する.同様のことは,表10.1の二価三元電解質でも認められる.

例題10.1 表10.1の硫酸カリウム水溶液が示す i の値はいくらか.
[解答] K_2SO_4 1 mol 当たり,K^+ イオン 1.4 mol,KSO_4^- イオン 0.6 mol,

表10.1 いろいろな電解質の水溶液中の化学種

溶質	質量モル濃度	金属を含む化学種の割合
KCl	0.52	K^+ 0.95, KCl 0.05
KI	0.58	K^+ 0.87, KI 0.13
$MgCl_2$	0.44	Mg^{2+} 0.7, $MgCl^+$ 0.3
$CaCl_2$	0.44	Ca^{2+} 0.7, $CaCl^+$ 0.3
CdI_2	0.50	Cd^{2+} 0.02, CdI^+ 0.22, CdI_2 0.76
$CuCl_2$	0.42	Cu^{2+} 0.7, $CuCl^+$ 0.3
$Pb(NO_3)_2$	0.021	Pb^{2+} 0.65, $PbNO_3^-$ 0.33, $Pb(NO_3)_2$ 0.02
K_2SO_4	0.36	K^+ 0.7, KSO_4^- 0.3
$MgSO_4$	0.043	Mg^{2+} 0.58, $MgSO_4$ 0.42
$CuSO_4$	0.045	Cu^{2+} 0.56, $CuSO_4$ 0.44

SO_4^{2-} イオン 0.4 mol で, $i=2.4$.

10.2 標準生成エンタルピーと水和熱

NaCl を水に溶かす過程は,化学方程式を用いると

$$NaCl(s) \longrightarrow NaCl(nH_2O) \tag{10.2}$$

で表される.この際のエンタルピー変化は**溶解熱** (heat of dissolution) と呼ばれる.記号 $NaCl(nH_2O)$ は n mol の水に溶解している NaCl 1 mol を表す.そして,溶解熱の値は水の量 n によって変化する.

水溶液中の溶質の標準状態としては,質量モル濃度 $m=1$ の理想溶液が選ばれている.理想気体の場合と同様に,理想溶液の $\Delta_f H°$ は,さらに希釈しても,溶解熱の値に変化が見られないほどに低い濃度の水溶液中の溶質の値である.以下,溶質またはイオンに付した記号 aq は,この条件を満たす水の量(表では $n=\infty$)を表す.

$NaCl(aq)$ の標準生成エンタルピー $\Delta_f H°$ は

$$Na(s) + \frac{1}{2}Cl_2(g) \longrightarrow NaCl(aq) \tag{10.3}$$

のエンタルピー変化と定義され,これは $Na^+(aq)$ と $Cl^-(aq)$ それぞれの標準生成エンタルピーの和でもある.

溶液中の陽イオンは隣接する水分子の酸素原子と,陰イオンは隣接する水分

子の水素原子と引き合い，それぞれ安定な状態にある．この現象を**水和** (hydration) という．気体状態にある陽イオンと陰イオンから水和イオンを生じる反応，例えば

$$\mathrm{Na^+(g) + Cl^-(g) \longrightarrow Na^+(aq) + Cl^-(aq)} \tag{10.4}$$

のエンタルピー変化を**水和熱** (heat of hydration) といい，$\Delta_\mathrm{hyd} H^\circ$ で表す．

NaCl の結晶，水溶液中のイオン，気体状態にあるイオンの間の関係を次にまとめる．

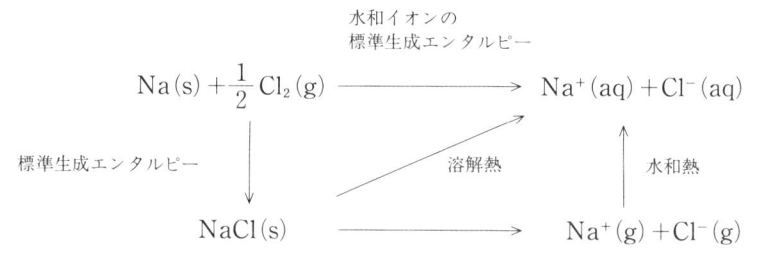

```
                           水和イオンの
                           標準生成エンタルピー
  Na(s) + ½Cl₂(g) ─────────────────────────→ Na⁺(aq) + Cl⁻(aq)
         │                                        ↑
  標準生成 │              溶解熱                水和熱
  エンタルピー│          ╱
         ↓        ╱
       NaCl(s) ─────────────────→ Na⁺(g) + Cl⁻(g)
```

なお，下端の NaCl(s) → Na⁺(g) + Cl⁻(g) の変化に伴う ΔH° は，**格子エネ**

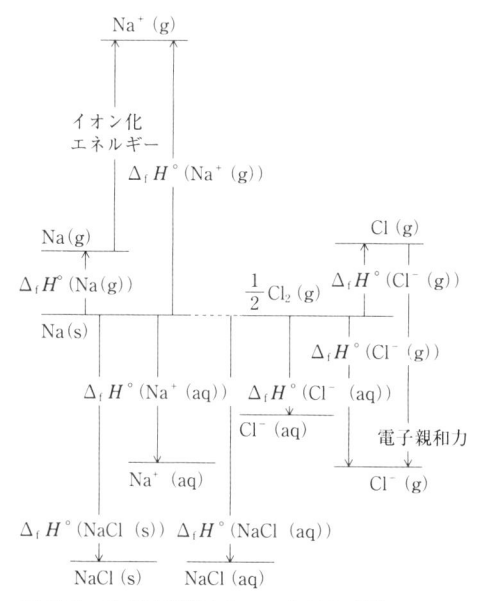

図 10.1　NaCl に関係したエンタルピー変化

ルギー (lattice energy) と呼ばれる．これらの状態の関係を，エネルギーを尺度にして表すと，図10.1が得られる．水和熱と格子エネルギーは互いに異なる符号をもち，打ち消しあうので，溶解熱 ($n=\infty$) は比較的小さい．

水和は溶解に伴う乱雑さの増大に逆らう働きをする．その結果，溶解が標準エントロピーの減少をもたらす化合物も多い（裏見返しの付表の中に，その例を見い出せ）．

例題 10.2 裏見返しの付表に与えられた $\Delta_f H°$ の値を用いて，$Na^+(g)+Cl^-(g) \rightarrow Na^+(aq)+Cl^-(aq)$ の $\Delta H°$，すなわち，水和熱 $\Delta_{hyd}H°$ を求めよ．

[解答] $\Delta_{hyd}H°/kJ\,mol^{-1} = -407.3-(609.0-246.0) = -770.3$．

例題 10.3 裏見返しの付表に与えられた $\Delta_f H°$ の値を用いて，NaCl(s) の格子エネルギー $\Delta_L H°$ を求めよ．

[解答] $\Delta_L H°/kJ\,mol^{-1} = 609.0-246.0-(-411.2) = 774.2$．

10.3 溶解熱と希釈熱

物質を溶解する水の量 n が小さいときには，溶解熱は n によって特に大きく変化する．水に溶解したとき，著しく吸熱することで知られた硝酸ナトリウムの水溶液，逆に著しく発熱することで知られた水酸化ナトリウムの水溶液における $\Delta_f H°$ と水の量の関係を表10.2に示す．

硝酸ナトリウム，水酸化ナトリウムいずれの溶解度も，温度を高くすると増大する．発熱して溶解する水酸化ナトリウムの溶解度が温度の上昇により増大することは，一見したところ，平衡移動の原理に反する．25°Cの水酸化ナトリウムの飽和溶液と平衡にあるのは，NaOH(s) ではなく NaOH·H_2O(s) であり，その溶解熱は飽和濃度において正（吸熱）であることで，この矛盾は解消される．表10.2に示す3番目の物質，硝酸リチウムの場合には，溶解熱は n が小さいときは正であるが，n が大きくなると負へ変化することが観察できる．温度を上げたとき，溶解度が減少する塩には Li_2CO_3，Li_2SO_4，$Ca(OH)_2$ などがあるが，その例は少ない．

ある濃度の水溶液に，さらに水を加えて希釈する際，発生または吸収される

表10.2 水溶液中の硝酸ナトリウム，水酸化ナトリウムおよび硝酸リチウムの $\Delta_f H°$

	水の量	$\Delta_f H°$	溶解熱	希釈熱
$NaNO_3(s)$		-467.85		
	$6\ H_2O$	-454.63	13.22	
	$10\ H_2O$	-453.47	14.38	1.16
	$100\ H_2O$	-448.20	19.65	5.27
	$1000\ H_2O$	-447.29	20.56	0.91
	$10000\ H_2O$	-447.36	20.49	-0.07
	$\infty\ H_2O$	-447.48	20.37	-0.08
$NaOH(s)$		-425.61		
	$2.5\ H_2O$	-452.29	-26.68	
	$5\ H_2O$	-465.19	-39.58	-12.90
	$10\ H_2O$	-468.91	-43.30	-3.72
	$100\ H_2O$	-469.65	-44.04	-0.74
	$1000\ H_2O$	-469.76	-44.15	-0.11
	$10000\ H_2O$	-469.98	-44.37	-0.22
	$\infty\ H_2O$	-470.11	-44.50	-0.13
$LiNO_3(s)$		-483.13		
	$3\ H_2O$	-480.62	2.51	
	$5\ H_2O$	-480.71	2.42	-0.09
	$10\ H_2O$	-483.76	-0.63	-3.05
	$100\ H_2O$	-485.11	-1.98	-1.35
	$1000\ H_2O$	-485.55	-2.42	-0.44
	$10000\ H_2O$	-485.74	-2.61	-0.19
	$\infty\ H_2O$	-485.85	-2.72	-0.09

溶質1 mol 当たりの熱量を**希釈熱**（heat of dilution）という．これは二つの濃度における溶質の $\Delta_f H°$ の差で与えられる．表10.2の右端には，隣り合う二つの濃度間の希釈熱を示した．水酸化ナトリウムの水溶液の希釈熱は，n が小さいとき，顕著に負（発熱）であることに注目しよう．

硫酸を水で希釈すると，著しい発熱が見られる．ヘスは $H_2SO_4(l)$ を H_2O に溶解し，次いで $2\ H_2O$ で希釈した際の熱の和は，$H_2SO_4(l)$ を $2\ H_2O$ に溶解し，次いで H_2O で希釈した際の熱の和に等しいことを示した．すなわち

$H_2SO_4(l) \rightarrow H_2SO_4(H_2O)$　　　　；$\Delta H°/kJ = -27.8$

$H_2SO_4(H_2O) \rightarrow H_2SO_4(3\ H_2O)$　　；$\Delta H°/kJ = -21.1$，合計 -48.9

$H_2SO_4(l) \rightarrow H_2SO_4(2\ H_2O)$　　　；$\Delta H°/kJ = -41.4$

$H_2SO_4(2\ H_2O) \rightarrow H_2SO_4(3\ H_2O)$　；$\Delta H°/kJ = -7.5$，合計 -48.9

例題 10.4 $H_2SO_4(l) \rightarrow H_2SO_4(5\,H_2O)$ に期待される希釈熱はいくらか. ただし, $H_2SO_4(2\,H_2O) \rightarrow H_2SO_4(5\,H_2O)$; $\Delta H°/kJ = -16.1$ である.
［解答］ $\Delta H°/kJ = -41.4 - 16.1 = -57.5$.

10.4 中 和 熱

強酸と強塩基の希薄水溶液の間の中和反応は

$$H^+(aq) + OH^-(aq) \rightarrow H_2O \qquad (10.5)$$

と見なされ，酸と塩基の種類を問わず，**中和熱**（heat of neutralization）の値は一定で，$-55.83\,\text{kJ mol}^{-1}$ である．しかし，酸または塩基，あるいはその両方が濃厚な場合には，希釈熱のため著しく異なった値が得られる．例えば，硫酸の濃厚な水溶液と水酸化ナトリウムの希薄水溶液を用いると

$H_2SO_4(l) + 2\,NaOH(aq) \rightarrow Na_2SO_4(aq) + 2\,H_2O(l)$; $\Delta H°/kJ = -206.9$
$H_2SO_4(H_2O) + 2\,NaOH(aq) \rightarrow Na_2SO_4(aq) + 2\,H_2O(l)$; $\Delta H°/kJ = -179.1$
$H_2SO_4(2\,H_2O) + 2\,NaOH(aq) \rightarrow Na_2SO_4(aq) + 2\,H_2O(l)$; $\Delta H°/kJ = -165.5$
$H_2SO_4(5\,H_2O) + 2\,NaOH(aq) \rightarrow Na_2SO_4(aq) + 2\,H_2O(l)$; $\Delta H°/kJ = -149.4$

これらの $\Delta H°$ の算出に当たっては，中和により生じた水 $2\,H_2O(l)$ の標準生成エンタルピーを考慮に入れる必要がある．

例題 10.5 ヘスは硫酸の希釈熱とその希釈された硫酸を用いたときの中和熱の和が一定となることを示した．前記の結果を用いて，これを確かめよ.
［解答］ 例えば，$H_2SO_4(2\,H_2O)$ の場合には，希釈熱は $-41.4\,\text{kJ}$，これを中和熱 $-165.5\,\text{kJ}$ に加えて $-206.9\,\text{kJ}$，$H_2SO_4(5\,H_2O)$ の場合には，希釈熱は $-57.5\,\text{kJ}$，これを中和熱 $-149.4\,\text{kJ}$ に加えると $-206.9\,\text{kJ}$.

例題 10.6 純粋な水の中の水素イオンのモル濃度と水酸化物イオンのモル濃度の積は，水のイオン積と呼ばれ，記号 K_W で表される．20°C における値，0.676×10^{-14} と中和熱 $-55.83\,\text{kJ mol}^{-1}$ を用いて，30°C における K_W の値を推定せよ.

[解 答] $\ln(K_w/0.676\times 10^{-14}) = -(55.83\times 10^3/8.314)(1/303-1/293)$ より，$\ln K_w$ を求めると，$\ln K_w = -31.87$．これより $K_w = 1.44\times 10^{-14}$．

10.5 イオンの標準生成エンタルピー

水溶液中の塩の標準生成エンタルピーを陽イオンと陰イオンに振り分けるには，水和陽イオン $M^+(aq)$ または $M^{2+}(aq)$ の $\Delta_f H°$ を次の反応のエンタルピー変化に等しいと約束する．

$$M(s) + H^+(aq) \longrightarrow M^+(aq) + \frac{1}{2}H_2(g) \tag{10.6 a}$$

$$M(s) + 2H^+(aq) \longrightarrow M^{2+}(aq) + H_2(g) \tag{10.6 b}$$

言い換えれば，$H^+(aq)$ の $\Delta_f H°$ は 0 と約束する．このように，陽イオンと陰イオン個々の $\Delta_f H°$ の値は，裏見返しの付表の $\Delta_f H°$ とは異なる定義に基づくので，区別するために，次章の表 11.1 にまとめてある．他方，水溶液中の塩の $\Delta_f H°$ の値（陽イオンと陰イオンの $\Delta_f H°$ の和）は裏見返しの付表に示されている．

例題 10.7 裏見返しの付表に与えられた $NaCl(aq)$ と $HCl(aq)$ の $\Delta_f H°$

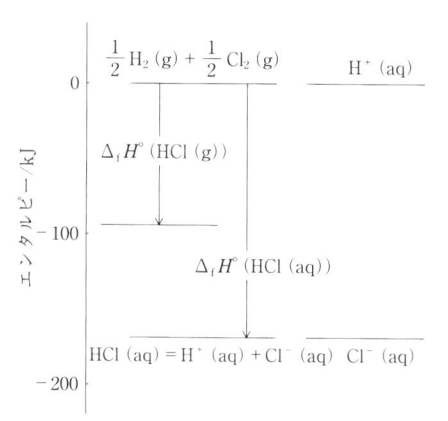

図 10.2 水溶液中の HCl，H^+ および Cl^- イオンの標準生成エンタルピーの関係

を用いて，$Na^+(aq)$ の $\Delta_f H°$ を求めよ．

[解答] $HCl(aq)$ の $\Delta_f H°$ は $Cl^-(aq)$ の $\Delta_f H°$ と見なされるから（図10.2参照），$\Delta_f H°(Na^+(aq))/kJ\,mol^{-1} = -407.3 - (-167.2) = -240.1$．

10.6 電解質のモル伝導度

交流を用いて，電気分解の影響を避ける工夫をすれば，電解質溶液の電気伝導にはオームの法則が成り立つ．電流を I，電極間の電位差を V，抵抗を R とすると

$$I = \frac{V}{R}$$

抵抗 R は導体の長さ l に比例し，断面積 A に逆比例する．この関係は

$$R = \rho \frac{l}{A}$$

で表される．比例定数 ρ（ギリシャ文字のロー）は抵抗率と呼ばれ，長さ1 m，断面積 $1\,m^2$ の導体の抵抗に等しい．抵抗率の逆数を伝導度といい，κ（ギリシャ文字のカッパ）で表し，これをモル濃度 c で割った値を**モル伝導度**（molar conductivity）と呼んで Λ（ギリシャ文字のラムダ）で表す．すなわち

$$\Lambda = \frac{\kappa}{c} = \frac{1}{\rho c} \tag{10.7}$$

Λ の値は溶液の濃度によって変化する．強電解質の例として，HCl，NaCl，HBr および NaBr のそれぞれ 1 mol を含む溶液の体積，すなわち**希釈度**（dilution）$V = 1/c$ とモル伝導度 Λ を表10.3に示す．低濃度では，図10.3に示すように，Λ と $c^{1/2}$ の間に直線関係

$$\Lambda = \Lambda^\infty - \kappa c^{1/2} \tag{10.8}$$

が成り立つ．Λ^∞ は無限希釈（濃度 0）へ補外した Λ の値で，**極限モル伝導度**（limiting molar conductivity）と呼ばれる．これはイオン間の距離が無限大になって，相互作用が無視できる状態における Λ の値である．

コールラウシュ（F. W. G. Kohlrausch, 1840-1910）は多数の電解質のモル伝導度を測定し，共通のイオンをもつ組，例えば表10.3の HCl と NaCl，

表10.3 オストワルトによる塩酸, 塩化ナトリウム, 臭化水素酸, 臭化ナトリウムの水溶液の希釈度 $V/\mathrm{dm^3\,mol^{-1}}$ とモル伝導度 $10^4\,\Lambda/\mathrm{S\,m^2\,mol^{-1}}$

V	$\Lambda(\mathrm{HCl})$	$\Lambda(\mathrm{NaCl})$	差	$\Lambda(\mathrm{HBr})$	$\Lambda(\mathrm{NaBr})$	差
32	367.3	104.0	265.3	366.9	105.3	265.3
64	374.8	107.0	267.8	373.9	108.3	265.6
128	382.8	110.1	272.7	382.8	111.6	271.2
256	389.6	112.1	277.5	389.9	114.7	275.2
512	396.3	116.3	280.0	397.6	117.8	279.8
1024	401.3	119.5	281.8	403.0	120.9	280.1
∞	405.7	120.3	285.4	407.4	122.1	285.2

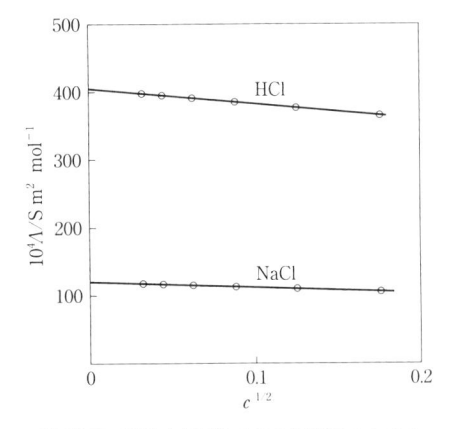

図10.3 HCl と NaCl のモル伝導度 Λ とモル濃度の平方根 $c^{1/2}$ の関係

HBr と NaBr の Λ^∞ の差が一定であることを見いだした. この事実は Λ^∞ が陽イオンに固有の値 Λ_+ と陰イオンに固有の値 Λ_- に分割できることを示唆する. 一価二元電解質の場合, これを式で表すと

$$\Lambda^\infty = \Lambda_+ + \Lambda_- \tag{10.9}$$

となる. この関係を**イオン独立移動の法則** (law of independent migration of ions) という.

例題10.8 希釈度 32 ないし 1024 で酢酸ナトリウムの水溶液のモル伝導度の測定結果は次のようである. 極限モル伝導度はいくらか.

$V/\mathrm{dm^3\,mol^{-1}}$	32	64	128	256	512	1024
$10^4\,\Lambda/\mathrm{S\,m^2\,mol^{-1}}$	73.6	76.4	79.0	81.2	83.3	84.9

[解答] それぞれの希釈度から $c^{1/2}$ を求め，式 (10.8) を適用して直線回帰計算を行うと，$10^4\,\Lambda^\infty/\mathrm{S\,m^2\,mol^{-1}}$ として 86.5 が得られる．

10.7 電離度の決定

アレニウスは，モル伝導度 Λ と弱電解質の電離度 α の間に

$$\alpha = \frac{\Lambda}{\Lambda^\infty} \tag{10.10}$$

が成り立つと考えた．これを一価二元電解質に適用される式

$$\frac{\alpha^2}{(1-\alpha)V} = K \tag{10.11}$$

に代入すると，次式が得られる．

$$K = \frac{\Lambda^2}{\Lambda^\infty(\Lambda^\infty - \Lambda)V} \tag{10.12}$$

オストワルト
　今日のラトビアの首都リガの出身で，ドイツのライプチッヒ大学教授となり，「触媒作用に関する研究および化学平衡と反応速度に関する研究」で 1909 年度のノーベル化学賞を受賞した．その研究室は物理化学の研究のメッカとされ，多数の物理化学者を世に送り出した．本書で触れるネルンスト，ベックマン，ボーデンシュタインもまた，一時期はこの研究室の一員であった．また，助手がドイツ語を忘れたというほど，英国と米国から留学生が集まった．

オストワルト (F. W. Ostwald, 1853-1932) は，種々の希釈度 V におけるモル伝導度の測定結果に式 (10.12) を適用して，多数の有機酸の電離平衡定数 K を求めた．オストワルトが酢酸について測定した結果を表 10.4 に示す．なお，Λ^∞ としては例題 10.9 で得られる値，$372\times 10^{-4}\,\mathrm{S\,m^2\,mol^{-1}}$ を用いた．

表10.4 オストワルトによる酢酸水溶液の希釈度 $V/\mathrm{dm^3\,mol^{-1}}$，モル伝導度 $10^4\,\Lambda/\mathrm{S\,m^2\,mol^{-1}}$ と電離度 α および電離平衡定数 $10^5\,K/\mathrm{mol\,dm^{-3}}$ の解析

V	Λ	α	K
8	4.34	0.0117	1.73
16	6.10	0.0164	1.71
32	8.65	0.0233	1.74
64	12.09	0.0325	1.71
128	16.99	0.0457	1.71
256	23.82	0.0640	1.71
512	33.20	0.0892	1.71
1024	46.00	0.124	1.71
∞	372		

強電解質に式 (10.12) を適用しても，一定の電離平衡定数は得られない．

弱電解質の Λ^∞ の値を得るには，イオン独立移動の法則を利用する．例えば，弱酸 HA の未知の Λ^∞ の値は，三つの強電解質，HCl, NaA, NaCl の Λ^∞ の値を組み合わせて，次式により算出される．

$$\Lambda^\infty(\mathrm{HA}) = \Lambda^\infty(\mathrm{HCl}) + \Lambda^\infty(\mathrm{NaA}) - \Lambda^\infty(\mathrm{NaCl}) \tag{10.13}$$

例題 10.9 表10.3 に与えられた $\Lambda^\infty(\mathrm{HCl})$, $\Lambda^\infty(\mathrm{NaCl})$ および例題 10.8 で求めた $\Lambda^\infty(\mathrm{CH_3COONa})$ に基づいて，$\Lambda^\infty(\mathrm{CH_3COOH})$ を推定せよ．

［解答］ 式 (10.13) を用いて，$10^4\,\Lambda^\infty(\mathrm{CH_3COOH})/\mathrm{S\,m^2\,mol^{-1}} = 405.7 + 86.5 - 120.3 = 372$．

10.8 ファントホッフ係数

ファントホッフは，電解質の水溶液の沸点上昇，凝固点降下，浸透圧は，そのモル濃度から予想される値よりも大きいことを指摘した．測定値と一致させるため，予想値に掛けるべき係数 i を**ファントホッフ係数**（van't Hoff i-factor）という．これら三つの現象のうち，比較的正確に測定できるのは凝固点降下であって，係数 i は

$$i = \frac{\Delta T_\mathrm{f}}{m_\mathrm{B} K_\mathrm{f}} \tag{10.14}$$

表10.5 アレニウスによる塩化ナトリウムと硫酸カリウム水溶液の凝固点降下 ΔT から求めたファントホッフ係数 i とモル伝導度から求めた $1+(n-1)\alpha$

	$c/\mathrm{mol\ dm^{-3}}$	$\Delta T/\mathrm{K}$	i	$1+(n-1)\alpha$
NaCl	0.0467	0.117	2.00	1.88
	0.194	0.687	1.87	1.82
	0.539	1.894	1.85	1.74
K_2SO_4	0.0364	0.184	2.68	2.45
	0.227	0.95	2.21	2.18
	0.455	1.755	2.04	2.06

で与えられる．

ファントホッフ係数の存在は，電解質が水に溶解されると直ちに電離する証拠である．強電解質では電離度は常に1と見なされるが，高濃度の溶液におけるモル伝導度 Λ は極限モル伝導度 Λ^∞ よりもかなり小さい．アレニウスは電気伝導に寄与する活性分子と寄与しない不活性分子の存在を仮定し，$\alpha=\Lambda/\Lambda^\infty$ は活性分子の割合を表すものと考えた．n 元電解質では，濃度の $n\alpha$ 倍のイオンがモル伝導度に寄与し，式 (10.1) によって濃度の $1+(n-1)\alpha$ 倍の粒子が凝固点降下には寄与すると期待される．アレニウスは，塩化ナトリウムと硫酸カリウムについて，凝固点降下の測定による i とモル伝導度より求めた $1+(n-1)\alpha$ の比較を試み，表10.5の結果を得た．両者の値はかなり近いが，表10.1に見るように，この解釈は必ずしも正しくない．

例題 10.10 質量モル濃度 $0.425\ \mathrm{mol\ kg^{-1}}$ の硫酸水溶液の凝固点降下は 1.60 K である．この濃度におけるファントホッフ係数の値はいくらか．なお，水の凝固点降下定数は 1.86 とせよ．

［解答］ $i=1.60/(0.425\times1.86)=2.02$．

固体電解質

固体状態で高いイオン伝導性を示す物質を固体電解質という．電解質溶液とは違って，漏れる心配がなく，より高い温度で使用できる特徴がある．146℃以上で安定なヨウ化銀 AgI の α 型はその古典的な例で，銀イオンの移動によって，室温における硫酸水溶液よりも高い伝導性を示す．ヨウ化銀に他のイオンを組み合わせて，$RbAg_4I_5$，Ag_3SI，$Ag_7I_4PO_4$ など室温で高い伝導性を示す物質が作られている．CaO を添加された酸化ジルコニウム ZrO_2 は 1000℃ と高い温度で顕著な伝導性を示すが，この場合は酸化物イオンの移動に起因する．

●まとめ

(1) 水溶液中の電解質，例えば，NaCl($m=1$) の標準生成エンタルピーは

$$\mathrm{Na(s)} + \frac{1}{2}\mathrm{Cl_2(g)} \to \mathrm{NaCl(aq)}$$

のエンタルピー変化で与えられる．

(2) $\mathrm{Na^+(aq)} + \mathrm{Cl^-(aq)}$ の標準生成エンタルピーは，$\mathrm{NaCl(aq)}$ の標準生成エンタルピーに等しい．

(3) $\mathrm{Na^+(aq)}$，$\mathrm{Cl^-(aq)}$ それぞれの標準生成エンタルピーは，$\mathrm{H^+(aq)}$ の $\Delta_\mathrm{f} H^\circ = 0$ として算出されている．

問 題

10.1 表10.1の硝酸鉛の水溶液が示す i の値はいくらか．

10.2 塩化ナトリウムの溶解熱 ($n=\infty$) はいくらか．算出に必要な値は裏見返しの付表に見いだせ．

10.3 裏見返しの付表に与えられた $\Delta_\mathrm{f} H^\circ$ を用いて，塩化カルシウムの水和熱，すなわち $\mathrm{Ca^{2+}(g)} + 2\,\mathrm{Cl^-(g)} \to \mathrm{Ca^{2+}(aq)} + 2\,\mathrm{Cl^-(aq)}$ の ΔH° の値を求めよ．

10.4 裏見返しの付表に与えられた $\Delta_\mathrm{f} H^\circ$ を用いて，$\mathrm{AgCl(s)}$ の格子エネルギーを求めよ．

10.5 $\mathrm{NH_4^+(g)} \to \mathrm{NH_3(g)} + \mathrm{H^+(g)}$ の $\Delta_\mathrm{f} H^\circ$ をアンモニアの陽子親和力と呼ぶ．この値を次のサイクルによって推定せよ．ただし，$\mathrm{NH_4Cl(s)}$ の格子エネルギーは $676\,\mathrm{kJ\,mol^{-1}}$ とする．その他の必要な $\Delta_\mathrm{f} H^\circ$ の値は，裏見返しの付表に見いだせ．

$$\frac{1}{2}\mathrm{N_2(g)} + 2\,\mathrm{H_2(g)} + \frac{1}{2}\mathrm{Cl_2(g)} \longrightarrow \mathrm{NH_3(g)} + \mathrm{H^+(g)} + \mathrm{Cl^-(g)}$$
$$\downarrow \qquad\qquad\qquad\qquad \downarrow$$
$$\mathrm{NH_4Cl(s)} \qquad \longrightarrow \qquad \mathrm{NH_4^+(g)} + \mathrm{Cl^-(g)}$$

10.6 10.3に示された硫酸の溶解熱と希釈熱の値を用いて，$\mathrm{H_2SO_4(3\,H_2O)} \to \mathrm{H_2SO_4(aq)}$ の希釈熱を計算せよ．

10.7 裏見返しの付表に与えられた $\mathrm{CaCl_2(aq)}$ と $\mathrm{HCl(aq)}$ の標準生成エンタルピーの値を用いて，$\mathrm{Ca^{2+}(aq)}$ の標準生成エンタルピーを求めよ．

10.8 表10.3に与えられた $\varLambda^\infty(\mathrm{HBr})$，$\varLambda^\infty(\mathrm{NaBr})$ および例題10.8で求めた $\varLambda^\infty(\mathrm{CH_3COONa})$ に基づいて，$\varLambda^\infty(\mathrm{CH_3COOH})$ を計算せよ．

10.9 希釈度 V が32ないし1024で，ギ酸ナトリウム HCOONa の水溶液のモル

伝導度 Λ を測定した結果は次のようである．極限伝導度はいくらか．その結果に基づいて，$\Lambda^\infty(\mathrm{HCOOH})$ の値を求めよ．

$V/\mathrm{dm}^3\,\mathrm{mol}^{-1}$	32	64	128	256	512	1024
$10^4\ V/\mathrm{S\,m^2\,mol^{-1}}$	85.8	89.0	92.0	94.7	96.9	98.9

10.10 希釈度 V が 32 ないし 1024 で，ギ酸水溶液のモル伝導度 Λ を測定した結果は次のようである．電離平衡定数を算出せよ．なお，Λ^∞ は前問で求めた値を用いよ．

$V/\mathrm{dm}^3\,\mathrm{mol}^{-1}$	32	64	128	256	512	1024
$10^4\ \Lambda/\mathrm{S\,m^2\,mol^{-1}}$	29.31	40.50	55.54	75.66	102.1	134.7

10.11 次の臭化カリウム水溶液の質量モル濃度 m_B と凝固点降下 ΔT_f の結果を用いて，各濃度におけるファントホッフ係数の値を求めよ．

No.	$m_\mathrm{B}/\mathrm{mol\,kg^{-1}}$	$\Delta T_\mathrm{f}/\mathrm{K}$
1	0.350	1.18
2	0.831	2.74
3	1.845	6.04

11. 電池とギブズエネルギー

　一般に，金属は電子を失って陽イオンになりやすい性質をもっている．このイオン化傾向の大小によって，金属と水あるいは酸との反応に違いを生じる．このイオン化傾向を定量化したのが標準電極電位である．これに関連して，電解質溶液の熱力学を取り扱う．

11.1　金属のイオン化傾向

　真空中で金属原子が電子を放出して陽イオンになる性質は，**イオン化エネルギー**（ionization energy）によって定量化される．ナトリウムを例にとると，イオン化エネルギーは気体状態にある原子とイオンの標準生成エンタルピーを用いた次式によって与えられる．

$$\Delta_f H°(\mathrm{Na^+(g)}) - \Delta_f H°(\mathrm{Na(g)}) = 609.0 - 107.3 = 501.7 \,\mathrm{kJ\,mol^{-1}}$$

　金属が電子を放出して水溶液中の陽イオンになる性質は，**イオン化傾向**（ionization tendency）と呼ばれる．2種の金属のイオン化傾向のいずれが大きいかは，その一つを他の金属イオンを含む塩の水溶液に入れたとき，起こる変化によって知ることができる．例えば，銅(II)イオンの水溶液に亜鉛を浸すと，亜鉛がイオン化して水溶液に入り，銅は金属として析出する．

$$\mathrm{Cu^{2+} + Zn \longrightarrow Cu + Zn^{2+}}$$

この場合，イオン化傾向は Zn＞Cu であるという．主な金属をイオン化傾向が

現代の錬金術

亜鉛のイオン化傾向は銅との合金にすることで低下する．したがって，濃厚な塩化亜鉛の熱水溶液に，粒状亜鉛と銅貨を浸して加熱を続けると，粒状亜鉛から亜鉛は溶け，銅貨の表面に析出して γ-真ちゅう（Zn が 60% 前後）を形成し銀色を呈する．室温に長く置くか，加熱すると亜鉛原子が銅貨の内部に拡散するため，銅貨の表面は α-真ちゅう（Zn が 30% 以下）となって金色に変化する．

大きい順に並べてみると

$$Na > Mg > Al > Zn > Fe > Pb > (H_2) > Cu > Ag > Au$$

この序列では，先にある金属ほど，電子を失って陽イオンになりやすく，後にある金属ほど，その金属イオンは電子を受け取って原子に戻りやすい．水素は非金属元素であるが，陽イオンとなる性質をもつので序列に含める．

11.2 イオン化傾向と反応性

イオン化傾向が著しく大きいアルカリ金属は，水と激しく反応して水素を発生する．例えば

$$2\,Na(s) + 2\,H_2O(l) \longrightarrow 2\,NaOH(aq) + H_2(g)$$

これらに続くマグネシウムは熱水と徐々に反応する．

亜鉛や鉄は高温の水蒸気と反応して水素を発生する．また室温において，塩酸や希硫酸と容易に反応し，溶解して水素を発生する．

鉛よりもイオン化傾向の小さい金属は水とは反応しにくい．水素よりもイオン化傾向が小さい銅，銀は，硝酸や熱濃硫酸のように酸化力をもつ酸には溶け，水素以外の気体を発生する．例えば，銅は濃硝酸には二酸化窒素を発生して溶解する．すなわち

$$Cu(s) + 4\,HNO_3(aq) \longrightarrow Cu(NO_3)_2(aq) + 2\,NO_2(g) + 2\,H_2O(l)$$

希硝酸には酸化窒素を発生して

$$3\,\text{Cu(s)} + 8\,\text{HNO}_3(\text{aq}) \longrightarrow 3\,\text{Cu(NO}_3)_2(\text{aq}) + 2\,\text{NO(g)} + 4\,\text{H}_2\text{O(l)}$$

熱濃硫酸には二酸化硫黄を発生して溶解する．

$$\text{Cu} + 2\,\text{H}_2\text{SO}_4(\text{l}) \longrightarrow \text{CuSO}_4(\text{aq}) + \text{SO}_2(\text{g}) + 2\,\text{H}_2\text{O(l)}$$

11.3 可 逆 電 池

硫酸亜鉛水溶液に亜鉛板を浸し，硫酸銅水溶液に銅板を浸した**ダニエル電池**（Daniell cell）を例として取り上げよう．図 11.1 に表すように，2 種の水溶液は多孔性隔壁で隔てられ，その細孔の中で接している．一つの**電極**（electrode）を電解質の水溶液に浸したものは，**半電池**（half cell）と呼ばれる．したがって，**電池**（galvanic cell）は二つの半電池から成り立つ．半電池は記号 Zn|Zn^{2+}，Cu|Cu^{2+} などで表される．ここで，垂直に引かれた線は相の境界を示す．ダニエル電池としての表現は Zn|Zn^{2+}|Cu^{2+}|Cu である．

電池が可逆的であるということは，電流の方向によって電池反応がいずれの方向にも進行することである．ダニエル電池の二つの電極を導線で結んで，銅極から亜鉛極にわずかな電流を流すと，亜鉛極は溶解して溶液中に Zn^{2+} イオンを生じ，銅極では溶液中の Cu^{2+} イオンが放電によって消失する．そして，

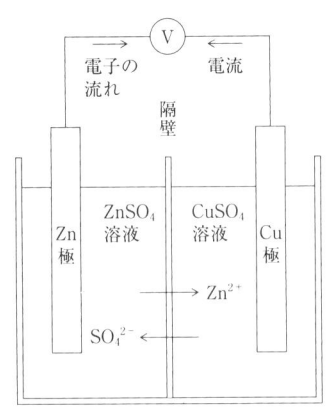

図 11.1　ダニエル電池 Zn|Zn^{2+}|Cu^{2+}|Cu

隔壁を Zn^{2+} と SO_4^{2-} イオンがそれぞれ反対方向に通過する．電池に電圧を加えて反応を逆行させると，隔壁を Cu^{2+} と SO_4^{2-} イオンが通過する．これでは電池は可逆的であるとはいえない．可逆的にするためには，隔壁の代わりに**塩橋**（salt bridge）が使用される．すなわち，移動速度がほぼ等しい陽イオンと陰イオンからなる塩 KCl の濃厚溶液でガラス管を満たし，液の流動を防ぐため寒天やゼラチンを加えて固める．これで二つの半電池をつなぐと，電流は K^+ と Cl^- イオンで運ばれる．塩橋を用いた境界を表すには，垂直な二重線を引く．例えば

$$Zn|Zn^{2+}\|Cu^{2+}|Cu$$

11.4 電池反応と状態量

電池は化学変化や濃度変化に伴うギブズエネルギーの減少を，電流による仕事として取り出す装置である．可逆電池では，化学的エネルギーはすべて電気的仕事，電荷×電位差へ変換される．そして，電池の**起電力**（electromotive force）E の測定によって，電池内で起こる反応の ΔG の値を，ΔH と ΔS を介することなく，定めることができる．起電力は電流 0 における両極間の電位差の極限値で定義されるから，測定には内部抵抗が大きい電圧計を用いて，微小な電流しか流さないように注意する必要がある．

> **充電可能なリチウム電池**
> アルカリ金属を用いれば高い起電力が得られることは表 11.1 の値より明らかであるが，取り扱い上の問題が多い．充電可能なリチウム電池は 1990 年に日本の企業によって初めて商品化された．CoO_2 の層状配列の間に Li^+ イオンが収容された層間化合物 $LiCoO_2$ の薄層を正極，黒鉛の薄層を負極とし，Li^+ イオンを含む電解質溶液を挟んで充電を行うと，$LiCoO_2$ 中の Li^+ イオンは CoO_2 の層間から溶液に移り，黒鉛に到達して炭素との層間化合物 Li_xC を形成する．放電ではこの逆の反応が起こる．起電力は層間化合物の組成に依存するが，約 3.6 V である．

電子 1 mol がもつ電荷の量 96487 C mol^{-1}（96500 C mol^{-1} を用いればよい）

をファラデー定数（Faraday constant）F で表し，反応によって移動する電子の数を n とすれば，移動した電荷は nF であるから，次の関係式が得られる．

$$\Delta G = -nFE \tag{11.1}$$

式（6.12）の関係を用いると

$$\Delta S = -\left(\frac{\partial \Delta G}{\partial T}\right)_P = nF\left(\frac{\partial E}{\partial T}\right)_P \tag{11.2}$$

これを式（6.6）に代入すれば

$$\Delta H = -nF\left[E - T\left(\frac{\partial E}{\partial T}\right)_P\right] \tag{11.3}$$

$(\partial E/\partial T)_P > 0$ のときには，ΔG は ΔH より大きな負の値となる．その際，電池は外界から熱エネルギーを吸収し，反応熱以上の電気的仕事をする．他方，$(\partial E/\partial T)_P < 0$ のときには，電池は外界に熱を放出するため，電気的仕事は反応熱よりも小さくなる．もちろん，$(\partial E/\partial T)_P = 0$ のときには，$\Delta G = \Delta H$ である．

固体の純物質だけで構成された電池の反応，例えば

$$\mathrm{Ag(s)} + \frac{1}{2}\mathrm{I_2(s)} \longrightarrow \mathrm{AgI(s)}$$

では，反応物，生成物ともに標準状態にあるから，25℃における起電力から $\Delta G°$，その温度変化から $\Delta S°$ が求められ，これより $\Delta H°$ も算出される．

E は示強性の量，ΔG は示量性の量であるから，反応を

$$2\,\mathrm{Ag(s)} + \mathrm{I_2(s)} \longrightarrow 2\,\mathrm{AgI(s)}$$

と書いたときには，$n=2$ としなければならない．

例題 11.1 $\mathrm{Ag(s)} + \frac{1}{2}\mathrm{I_2(s)} \longrightarrow \mathrm{AgI(s)}$ による 298 K における起電力は 0.6858 V であり，その温度変化は $0.146\,\mathrm{mV\,K^{-1}}$ である．$\Delta G°$，$\Delta S°$ および $\Delta H°$ を求めよ．

［解答］
$\Delta G°/\mathrm{kJ} = -96500 \times 0.6858 \times 10^{-3} = -66.2$（$10^{-3}$ は J から kJ への換算係数）．
$\Delta S°/\mathrm{JK^{-1}} = 96500 \times 0.146 \times 10^{-3} = 14.1$（$10^{-3}$ は mV から V への換算係数）．

$\Delta H°/\mathrm{kJ} = -66.2 + 298 \times 14.1 \times 10^{-3} = -62.0$ (10^{-3} は J から kJ への換算係数).

11.5 ネルンストの式

先に取り上げたダニエル電池の ΔG は，Zn^{2+} イオンと Cu^{2+} イオンの質量モル濃度をそれぞれ $m_{\mathrm{Zn}^{2+}}$，$m_{\mathrm{Cu}^{2+}}$ とすれば

$$\Delta G = \Delta G° + RT \ln\left(\frac{m_{\mathrm{Zn}^{2+}}/m°}{m_{\mathrm{Cu}^{2+}}/m°}\right) \tag{11.4}$$

で与えられる．なお，標準濃度 $m°$ は $m_{\mathrm{Zn}^{2+}}$，$m_{\mathrm{Cu}^{2+}}$ を無名数にするために導入されたもので（気体の場合の標準圧力 $P°$ と同じ役割），その値は 1 である．ただし，ダニエル電池の場合には，2 種の陽イオンの電荷が等しく，反応によってイオンが増減しないので，$m°$ は分母子で打ち消される．

ダニエル電池では $n=2$ であるから，起電力 E は次式で与えられる．

$$E = E° - \frac{RT}{2F} \ln\left(\frac{m_{\mathrm{Zn}^{2+}}}{m_{\mathrm{Cu}^{2+}}}\right) \tag{11.5}$$

したがって，$m_{\mathrm{Zn}^{2+}}$ が小さいほど，$m_{\mathrm{Cu}^{2+}}$ が大きいほど，E は大きくなる．

ギブズエネルギーに関する式 (7.4) に対応するこの種の式を，一般に**ネルンストの式**（Nernst equation）と呼ぶ．ここで，$E°$ は反応に関与する物質がすべて標準状態にあるときの起電力である．なお，RT/F の値は 25°C においては 0.0257 である．

2 種の陽イオンの濃度が極端に異ならない限り，E と $E°$ の符号は等しく，両極を導線でつないだとき，正電気が銅極から導線を伝わって亜鉛極へと流れる．そこで，ダニエル電池の Cu 極を**正極**（positive electrode），Zn 極を**負極**（negative electrode）と呼ぶ．その結果，電池内では左側の極では酸化反応

$$\mathrm{Zn(s)} \longrightarrow \mathrm{Zn^{2+}(aq)} + 2\,\mathrm{e}^-$$

右側の極では還元反応

$$\mathrm{Cu^{2+}(aq)} + 2\,\mathrm{e}^- \longrightarrow \mathrm{Cu(s)}$$

が起こる．そして，電池内では陽イオンは左から右へ流れる．全反応は

$$\mathrm{Zn(s) + Cu^{2+}(aq) \longrightarrow Zn^{2+}(aq) + Cu(s)}$$

である．

電池の両極を導線で結んだときに，電池の図は左側の極では酸化反応，右側の極では還元反応が起こるように描くことが約束されていて，このときの起電力を正とする．したがって，ダニエル電池の表現は $\mathrm{Zn|Zn^{2+}\|Cu^{2+}|Cu}$ であって，$\mathrm{Cu|Cu^{2+}\|Zn^{2+}|Zn}$ ではない．

例題 11.2 電池 $\mathrm{Zn|Zn^{2+}\|Cu^{2+}|Cu}$ の $E°$ は 25 ℃ において 1.101 V である．もし，濃度が次のようであったら，起電力はいくらになるか．
(a) $m_{\mathrm{Cu^{2+}}}=1$ と $m_{\mathrm{Zn^{2+}}}=0.5$
(b) $m_{\mathrm{Cu^{2+}}}=0.1$ と $m_{\mathrm{Zn^{2+}}}=1$
［解答］ (a) $E/\mathrm{V} = 1.101 - (0.0257/2) \times \ln(0.5) = 1.101 + 0.009 = 1.110$．
(b) $E/\mathrm{V} = 1.101 - (0.0257/2) \times \ln(10) = 1.101 - 0.030 = 1.071$．

11.6 標準電極電位

半電池単独の電位を測定することはできないが，2種の半電池を組み合わせて得られる電池の起電力は両極間の電位差に等しい．水素イオンの質量モル濃度が1の標準状態にある溶液と標準状態にある水素からなる**標準水素電極**（standard hydrogen electrode）を左側に，ある半電池を右側に組み合わせて得られる電池の起電力をその半電池の電極電位と定義する．すなわち，「標準水素電極の電位はすべての温度において0」と約束される．水素電極を必ず左側において定義される半電池の電極電位は，正であることも負であることもある．例えば，亜鉛電極，$\mathrm{Zn^{2+}|Zn}$ の電極電位を求めるに必要な電池は

$$\mathrm{Pt, H_2|H^+\|Zn^{2+}|Zn}$$

と書かれる（図 11.2 参照）．定義された電位は，電極で亜鉛の還元が起こる還元電位であるから，反応は

11.6 標準電極電位

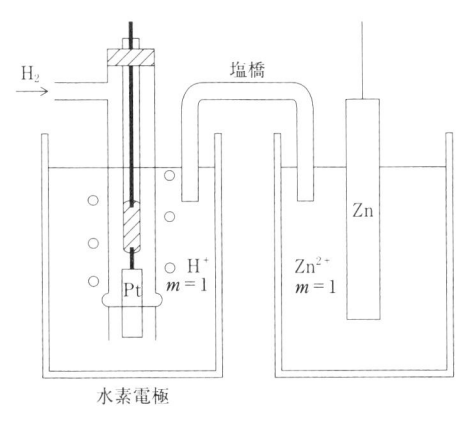

図 11.2 電池 Pt, $H_2|H^+\|Zn^{2+}|Zn$

$$Zn^{2+}(aq) + H_2(g) \longrightarrow Zn(s) + 2\,H^+(aq)$$

となる．これを右側の亜鉛電極 $Zn^{2+}|Zn$ における反応

$$Zn^{2+}(aq) + 2\,e^- \longrightarrow Zn(s)$$

で簡略化して表すことも行われる．

　反応に関与するすべての物質が標準状態にあるとき，この電池の起電力を $E°$ で表し，これを**標準電極電位** (standard electrode potential) と呼ぶ．Pt, $H_2|H^+\|Zn^{2+}|Zn$ の場合には -0.762 V である．負符号は標準状態で現実に起こる反応が，電池の図の右に亜鉛電極が書かれているにもかかわらず，Zn^{2+} の還元ではなく，$Zn(s)$ の酸化であることを意味する．これに対し，電池 Pt, $H_2|H^+\|Cu^{2+}|Cu$ の標準起電力は $+0.339$ V である．イオン化傾向は標準電極電位によって定量的に表される．

例題 11.3 亜鉛電極の標準電極電位を -0.762 V として，$Zn^{2+}(aq)$ の $\Delta_f G°$ の値を求めよ．

　［解答］ $Zn(s) + 2\,H^+(aq) \longrightarrow Zn^{2+}(aq) + H_2(g)$ を行う電池は $Zn|Zn^{2+}\|H^+|H_2$, Pt で，その起電力は 0.762 V であるから，$\Delta_f G°(Zn^{2+})/\text{kJ mol}^{-1} = -2 \times 96500 \times 0.762 \times 10^{-3} = -147.0$．

例題 11.4 $Au^+(aq)+e^- \rightarrow Au(s)$ の標準電極電位は 1.69 V, $AuCl_2^-(aq) + 2e^- \rightarrow Au(s) + 2Cl^-(aq)$ の標準電極電位は 1.15 V である．これらの値を用いて，$Au^+(aq) + 2Cl^-(aq) \rightleftharpoons AuCl_2^-(aq)$ の平衡定数の値を求めよ．

[解答] 錯イオン生成反応では $\Delta n = 1$ であるから，$\Delta G°/J$ は $-1 \times 96500 \times (1.69 - 1.15) = -52,100$．したがって，$K = 1.36 \times 10^9$．

11.7 イオンの標準生成ギブズエネルギー

標準水素電極の電位をすべての温度において 0 と約束すると，標準状態にある水素ガスから同じく標準状態にある水溶液（$m=1$ の理想溶液）中で H^+ イオン 1 mol が生成するとき，その $\Delta_f H°$，$\Delta_f G°$ および $S°$ は 0 となる．この定義に基づく水和陽イオンと水和陰イオンの $\Delta_f H°$，$\Delta_f G°$，$S°$ の値を表 11.1 に示した．

水溶液中の化合物 (aq) の化学熱力学性質，すなわち，$\Delta_f H°$，$\Delta_f G°$，$S°$ の値は裏見返しの付表に与えられているが，これらは構成水和イオンの値の和に等しい．水素イオン以外のイオンの $S°$ の値は，次の手続きによって定める．水溶液中の化合物，例えば HCl(aq) に至る過程の $\Delta H°$ と $\Delta G°$ を求め，式 (6.6) を適用して $\Delta S°$ を定めた後，H^+ イオンの $S°$ を 0 とする約束にしたがって，Cl^- イオンの $S°$ の値を求める．次いで，NaCl(aq) に至る過程の $\Delta H°$ と $\Delta G°$ から，その過程の $\Delta S°$ を定め，Cl^- イオンの $S°$ の値は既知として，Na^+ イオンの $S°$ を計算する．

例題 11.5 $HCl(g) \rightarrow HCl(aq)$ の変化に伴う $\Delta H°$ と $\Delta G°$ を裏見返しの付表に与えられた値を用いて計算せよ．次いで，上記の変化の $\Delta S°$ および $Cl^-(aq)$ イオンの $S°$ を求めよ．

[解答] $\Delta H°/kJ = -167.2 - (-92.3) = -74.9$，$\Delta G°/kJ = -131.3 - (-95.3) = -36.0$．これらの値を式 (6.6) に代入して，$\Delta S°/J\,K^{-1} = (-74.9 + 36.0) \times 10^3/298 = -130.5$．$Cl^-(aq)$ イオンの標準エントロピーは，これに HCl(g) の $S°$ の値 186.8 を加えて，$S°/J\,K^{-1}\,mol^{-1} = -130.5 + 186.8 = 56.3$．

表 11.1 水溶液中のイオンの標準生成エンタルピー $\Delta_f H°$，標準生成ギブズエネルギー $\Delta_f G°$ と標準エントロピー $S°$

	$\Delta_f H°/\text{kJ mol}^{-1}$	$\Delta_f G°/\text{kJ mol}^{-1}$	$S°/\text{J K}^{-1}\text{mol}^{-1}$
陽イオン			
Ag^+	105.6	77.1	72.7
Al^{3+}	-531	-485	-322
Ba^{2+}	-537.6	-560.7	9.6
Ca^{2+}	-542.8	-553.5	-53.1
Co^{2+}	-58.2	-54.4	-113
Cu^{2+}	64.8	65.5	-99.6
Fe^{2+}	-89.1	-78.9	-138
H^+	0	0	0
Hg^{2+}	171	164.4	-32
K^+	-252.4	-283.3	103
Li^+	-278.5	-293.3	13
Mg^{2+}	-466.9	-454.8	-138
Mn^{2+}	-220.7	-228	-73.6
Na^+	-240.1	-261.9	59.0
NH_4^+	-132.5	-79.4	113
Ni^{2+}	-54.0	-45.6	-129
Pb^{2+}	-1.7	-24.4	10
Sn^{2+}	-8.8	-27	-16
Zn^{2+}	-153.9	-147.0	-112
陰イオン			
Br^-	-121.5	-104.0	82.4
Cl^-	-167.2	-131.3	56.5
ClO_3^-	-99.2	-3.3	162
ClO_4^-	-129.3	-8.6	182
CN^-	151	172	94.1
CO_3^{2-}	-677.1	-527.9	-56.9
F^-	-332.6	-278.8	-14
I^-	-55.2	-51.6	111
NO_2^-	-105	-37	140
NO_3^-	-207.4	-111.3	146
OH^-	-230.0	-157.3	-10.8
SO_3^{2-}	-635.5	-486.6	-29
SO_4^{2-}	-909.3	-744.6	20

11.8 溶解度積とギブズエネルギー変化

難溶性の電解質 MX(s) がその飽和溶液と接しているとき，電解質は希薄な

ため溶液中で完全に解離していると仮定すれば,考えるべき平衡は

$$\mathrm{MX(s)} \rightleftharpoons \mathrm{M^+(aq)} + \mathrm{X^-(aq)}$$

となる.溶液中のイオンには質量モル濃度を,MX(s) にはモル分率 ($x_\mathrm{MX}=1$) を用いると,平衡定数 K は

$$K = \left(\frac{m_{\mathrm{M^+(aq)}}}{m^\circ}\right)\left(\frac{m_{\mathrm{X^-(aq)}}}{m^\circ}\right) \tag{11.6}$$

で表される.

固体物質が難溶性で,溶解度が十分に小さく,イオン対,錯イオン,さらには加水分解生成物などの副生成物の濃度が主なイオンの濃度に比べて無視できるほど小さいときには,質量モル濃度 m を電解質 MX の溶解度 s で置き換え,平衡定数を K_sp と書いて,**溶解度積** (solubility product) と呼ぶ.希薄溶液の場合,質量モル濃度 mol kg^{-1} とモル濃度 mol dm^{-3} を区別する必要はない.

沈殿の組成が MX$_2$ のときには,M^{2+} イオンの濃度は s/mol dm^{-3} であり,X$^-$ イオンの濃度は $2s$/mol dm^{-3} であるから

$$K_\mathrm{sp} = s(2s)^2 = 4s^3$$

となる.

溶液の伝導度の測定から溶解度を求めようとすると,水自身の伝導度や加水分解などが誤差の原因となる.熱力学を援用すると溶解に伴うギブズエネルギー変化,すなわち ΔG° から,次式

$$\Delta G^\circ = RT \ln K_\mathrm{sp} \tag{11.7}$$

によって溶解度積を算出できる.そして溶解度が十分に小さい場合には,飽和溶液の標準生成ギブズエネルギーの値は,MX(aq) や MX$_2$(aq) の $\Delta_\mathrm{f} G^\circ$ で近似される.

例題 11.6 AgCl(s) → AgCl(aq) の ΔG° を裏見返しの付表の値を用いて求め,AgCl の溶解度積 K_sp を算出せよ.

[解答]　$\Delta G°/\mathrm{kJ\,mol^{-1}} = \Delta_f G°(\mathrm{AgCl(aq)}) - \Delta_f G°(\mathrm{AgCl(s)}) = -54.1 - (-109.8) = 55.7$. したがって，$K_{sp} = 1.72 \times 10^{-10}$．

例題 11.7　$\mathrm{Ca(OH)_2(s)} \rightarrow \mathrm{Ca(OH)_2(aq)}$ の $\Delta G°$ を裏見返しの付表の値を用いて求め，$\mathrm{Ca(OH)_2}$ の溶解度を推定せよ．

[解答]　$\Delta G°/\mathrm{kJ\,mol^{-1}} = 30.5$. したがって，$K_{sp} = 4.50 \times 10^{-6}$，$s/\mathrm{mol\,dm^{-3}} = 0.0104$．

MX(s) が難溶性であれば，$\mathrm{M^+(aq)} + \mathrm{X^-(aq)} \rightarrow \mathrm{MX(s)}$ の $\Delta G°$ の値は必ず負である．MX(s) の $\Delta_f G°$ の値が正であっても，$\Delta_f G°$ が大きく正である $\mathrm{Ag^+(aq)}$ や $\mathrm{Hg^{2+}(aq)}$ を用いれば，この条件が満たされて，$\mathrm{X^-}$ イオンを含む溶液から銀塩や水銀塩が析出する可能性はある．6.2節で述べた $\mathrm{AgClO_3(s)}$ はその一例で，$\mathrm{AgNO_3}$ と $\mathrm{NaClO_3}$ の熱濃厚水溶液を混合することで得られる．

例題 11.8　$\mathrm{AgNO_3(aq)}$ と $\mathrm{NaClO_3(aq)}$ を混合すると，$\mathrm{AgClO_3(s)}$ が析出する可能性を $\Delta G°$ の値によって検討せよ．なお，$\mathrm{AgClO_3}$ の溶解度は $\mathrm{AgNO_3}$，$\mathrm{NaClO_3}$ の溶解度に比べてかなり小さい．

[解答]　$\mathrm{Ag^+(aq)} + \mathrm{ClO_3^-(aq)} \rightarrow \mathrm{AgClO_3(s)}$ の $\Delta G°/\mathrm{kJ}$ は，$64.5 - (77.1 - 3.3) = -9.3$ と負である．したがって，混合溶液より $\mathrm{AgClO_3(s)}$ が析出すると期待できる．

●**まとめ**

(1)　電池の起電力と電池反応のギブズエネルギーの関係は式 (11.1) で表される．すなわち，$\Delta G = -nFE$．

(2)　電池の標準起電力は標準電極電位を組み合わせて算出できる．

(3)　一般に，電池の起電力はネルンストの式 (11.5) によって表される．

(4)　水溶液中の $\mathrm{H^+}$ イオンの $\Delta_f H°$，$\Delta_f G°$ および $S°$ は温度に無関係に 0 と約束する．

問　題

11.1 電池 Ag, AgCl|MCl|Hg$_2$Cl$_2$, Hg の 25 ℃ における起電力は 45.6 mV で，その温度変化は +0.334 mV K^{-1} である．反応 2 Ag(s) + Hg$_2$Cl$_2$(s) → 2 AgCl(s) + 2 Hg(l) の $\Delta G°$, $\Delta S°$, $\Delta H°$ を求めよ．

11.2 電池 Pt, H$_2$|HBr|AgBr, Ag で起こる反応は AgBr(s) + ½ H$_2$(g) → Ag(s) + HBr(aq) である．裏見返しの付表の $\Delta_f G°$ の値を用いて標準起電力を求めよ．

11.3 電池 Zn|Zn^{2+}‖Cu^{2+}|Cu に期待される $E°$ は 25 ℃ において 1.101 V である．次の溶液の濃度のとき，起電力はいくらになるか．
  (a) $m_{Cu^{2+}}=1$ と $m_{Zn^{2+}}=0.01$
  (b) $m_{Cu^{2+}}=1$ と $m_{Zn^{2+}}=0.0001$

11.4 電池 Pt, H$_2$|H$^+$‖Cu^{2+}|Cu の標準起電力 +0.339 V を用いて，反応 H$_2$(g) + Cu^{2+}(aq) $\rightleftharpoons$ 2 H$^+$(aq) + Cu(s) の平衡定数を求めよ．

11.5 電池 Zn|Zn^{2+}‖Cu^{2+}|Cu の標準起電力を用いて，反応 Zn(s) + Cu^{2+}(aq) $\rightleftharpoons$ Zn^{2+}(aq) + Cu(s) の平衡定数 K を算出せよ．

11.6 電池 Ni|[Ni(NH$_3$)$_6$]$^{2+}$, NH$_3$, H$_2$O‖Ni^{2+}|Ni の標準起電力は 0.226 V である．電池内で行われる錯イオンの生成反応 Ni^{2+}(aq) + 6 NH$_3$ $\rightleftharpoons$ [Ni(NH$_3$)$_6$]$^{2+}$(aq) の平衡定数を求めよ．

11.7 裏見返しの付表の値を用いて，NaCl(s) → NaCl$_{aq}$ の $\Delta H°$, $\Delta G°$ および $\Delta S°$ の値を計算せよ．次いで，例題 11.5 で得た Cl$^-$(aq) イオンの $S°$ を用いて，Na$^+$(aq) イオンの $S°$ の値を定めよ．

11.8 AgI(s) → AgI(aq) の $\Delta G°$ を裏見返しの付表の値より求め，AgI の溶解度積を算出せよ．

11.9 CaSO$_4$(s) → CaSO$_4$(aq) の $\Delta G°$ を裏見返しの付表の値より求め，CaSO$_4$ の溶解度を推定せよ．

11.10 CaSO$_4$(s) → CaSO$_4$(aq) の $\Delta S°$ を裏見返しの付表の値を用いて求め，温度を上げたとき，CaSO$_4$ の溶解度積，したがって溶解度が減少することを示せ．

付録． 数学の知識

指数関数と対数関数

10 の 2 乗 10^2, 3 乗 10^3, …, x 乗 10^x をまとめて，10 の累乗という．10 の肩に書いた 1, 2, 3, …をそれぞれ累乗の指数という．累乗については，次の指数法則が成り立つ．

$$10^x \times 10^y = 10^{x+y}$$
$$10^x \div 10^y = 10^{x-y} \quad (\text{ただし } x > y)$$
$$(10^x)^y = 10^{xy}$$
$$10^{-x} = \frac{1}{10^x}$$
$$10^0 = 1$$

物理学および化学では e の累乗が重要である．e の肩に単なる数字ではなく，複雑なものを書く必要があるときには，e^x の代わりに $\exp(x)$ と書く．

e の累乗が重要であれば，e を底とする自然対数も重要となる．なお，10 を底とする対数，常用対数も時には用いられる．これは 10 進法で表した数の対数計算に役立つ．自然対数を $\ln x$，常用対数を $\log x$ と書いて区別する．両者の関係は次式で与えられる．

$$\ln x = 2.303 \times \log x$$
$$\log x = 0.43429 \times \ln x$$

$x > 0$, $y > 0$ であるとき，対数は次の性質をもつ．

$$\ln xy = \ln x + \ln y$$
$$\ln x^y = y \ln x$$
$$\ln 1 = 0$$
$$\ln\left(\frac{x}{y}\right) = \ln x - \ln y$$
$$\ln\left(\frac{1}{y}\right) = -\ln y$$
$$\ln e = 1$$

微　分

物理化学においては，簡単な微分と積分の知識も欠かせない．関数 $y=f(x)$ の $x=a$ における微分係数は

$$f'(a)=\lim_{h\to 0}\frac{[f(a+h)-f(a)]}{h}$$

で，導関数は

$$f'(x)=\lim_{\Delta x\to 0}\left(\frac{\Delta y}{\Delta x}\right)=\lim_{\Delta x\to 0}\frac{[f(x+\Delta x)-f(x)]}{\Delta x}$$

で表される．$f(x)$ の導関数 $f'(x)$ を求めることを，$f(x)$ を微分するという．$y=f(x)$ の導関数を表すには

$$y',\ f',\ \frac{\mathrm{d}y}{\mathrm{d}x},\ \frac{\mathrm{d}f}{\mathrm{d}x}$$

などの記号も用いられるが，本書では主として $\mathrm{d}y/\mathrm{d}x$ を使用した．

対数関数 $y=\ln x$ について，x の増分 Δx に対する y の増分を Δy とすると

$$\Delta y=\ln(x+\Delta x)-\ln x=\ln\left(1+\frac{\Delta x}{x}\right)$$

である．$h=\Delta x/x$ とおくと

$$\frac{\Delta y}{\Delta x}=\frac{1}{\Delta x}\ln\left(1+\frac{\Delta x}{x}\right)$$
$$=\left(\frac{1}{x}\right)\left(\frac{1}{h}\right)\ln(1+h)=\frac{1}{x}\ln(1+h)^{1/h}$$

$(1+h)^{1/h}$ の $h\to 0$ の極限値，$2.71828\cdots$ が e，すなわち自然対数の底であるから，$\ln e=1$ を用いて

$$\frac{\mathrm{d}\ln x}{\mathrm{d}x}=\frac{1}{x}$$

である．

いくつかの重要な微分の公式を次にまとめる．

$$(x^n)'=nx^{n-1}$$
$$\left(\frac{1}{x}\right)'=(x^{-1})'=-\frac{1}{x^2}$$
$$(fg)'=f'g+fg'$$
$$\left(\frac{f}{g}\right)'=\frac{f'g-fg'}{g^2}$$
$$\frac{\mathrm{d}e^x}{\mathrm{d}x}=e^x$$

偏微分と全微分

2変数 x, y の関数 $z = f(x, y)$ を取り上げ，点 (a, b) において，y の値を b に固定した x の関数 $f(x, b)$ を考える．関数 $f(x, b)$ の $x = a$ における微分係数 $f_x(a, b)$ を，$f(x, y)$ の点 (a, b) における偏微分係数という．すなわち

$$f_x(a, b) = \lim_{x \to a} \frac{[f(x, b) - f(a, b)]}{x - a}$$

同様に y の関数 $f(a, y)$ の点 $y = b$ における微分係数 $f_y(a, b)$ を，$f(x, y)$ の点 (a, b) における偏微分係数という．すなわち

$$f_y(a, b) = \lim_{y \to b} \frac{[f(a, y) - f(a, b)]}{y - b}$$

関数 $z = f(x, y)$ の点 (x, y) における偏微分係数 $f_x(x, y)$ と $f_y(x, y)$ は変数 x と y の関数で，これらは $z = f(x, y)$ の偏導関数と呼ばれる．本書では，偏導関数を表す記号として

$$\left(\frac{\partial z}{\partial x}\right)_y, \quad \left(\frac{\partial z}{\partial y}\right)_x$$

を用いた．

関数 $z = f(x, y)$ の偏導関数 $(\partial z/\partial x)_y$ を求めるには，y を定数と見なして x で微分すればよい．添え字は y を定数と見なしたことを示す．同様に偏導関数 $(\partial z/\partial y)_x$ を求めるには，x を定数と見なして y で微分する．関数 $z = f(x, y)$ の偏導関数をつくることを，$f(x, y)$ をそれぞれ x, y で偏微分するという．

x と y の増分によって生じる z の変化は，関数 $z = f(x, y)$ の全微分と呼ばれ

$$dz = \left(\frac{\partial z}{\partial x}\right)_y dx + \left(\frac{\partial z}{\partial y}\right)_x dy$$

で与えられる．

積　　分

関数 $F(x)$ を微分すると $f(x)$ になるとき

$$F(x) + C \quad (C \text{ は任意の定数})$$

を $f(x)$ の**不定積分**といい，記号

$$\int f(x) dx = F(x) + C$$

で表す．$f(x)$ の不定積分を求めることを $f(x)$ を積分するという．そして x は積分変数，C は積分定数と呼ばれる．

$$F(b)-F(a)$$

の値は積分定数 C の選び方に関係しない．これを関数 $f(x)$ の a から b までの定積分といい，記号

$$\int_a^b f(x)\,\mathrm{d}x = F(b)-F(a)$$

で表し，b を定積分の上端，a をその下端と名付ける．

級数展開

物理化学で必要とするマクローリン展開を次に示す．

$$f(x)=f(0)+\frac{xf'(0)}{1!}+\frac{x^2 f''(0)}{2!}+\cdots$$

$$e^x = 1+\frac{x}{1!}+\frac{x^2}{2!}+\frac{x^3}{3!}+\cdots$$

$$\ln(1-x) = -x-\frac{x^2}{2}-\frac{x^3}{3}-\frac{x^4}{4}-\cdots$$

章末問題の略解

第2章
2.1　0.25 atm
2.2　37.2 dm³
2.3　2490 kPa (24.6 atm)
2.4　2.431×10^{25}
2.5　1.131 kg m^{-3}
2.6　$\langle v^2_{CH_4}\rangle^{1/2}/\langle v^2_{CO}\rangle^{1/2} = 1.321$
2.7　473 K
2.8　786 m s^{-1}
2.9　CO の分圧 1.54 atm, CO$_2$ の分圧 1.23 atm

第3章
3.1　Cu(s) + ½ O$_2$(g) = CuO(s) + 157 kJ
3.2　H$_2$(g) + I$_2$(s) = 2 HI(g) − 53.0 kJ
3.3　N$_2$(g) + 3 H$_2$(g) = 2 NH$_3$ − 92.2 kJ
3.4　C(s) + 2 S(s) = CS$_2$(l) − 89.7 kJ
3.5　2 C(s) + 2 H$_2$(g) + O$_2$(g) = CH$_3$COOH(l) + 484.5 kJ
3.6　(a) −3, (b) −2, (c) −5, (d) 0, (e) −1
3.7　−8.7 kJ
3.8　101.3 kJ ($\Delta n = 1$, 固体の体積変化は無視してよい)

第4章
4.1　$\Delta H°/\text{kJ} = -293.3$
4.2　$\Delta H°/\text{kJ} = -7.9$
4.3　$\Delta_f H°/\text{kJ mol}^{-1} = -445.3$
4.4　$\Delta H°/\text{kJ mol}^{-1} = -1.9$
4.5　$\Delta H°/\text{kJ} = -597.2$, $\Delta U/\text{kJ} = -592.2$
4.6　$\Delta H°/\text{kJ} = -73.3$
4.7　$E_{\text{O-H}}/\text{kJ mol}^{-1} = 464$
4.8　-235 kJ mol^{-1} (-235.1 kJ mol^{-1} が測定値)
4.9　$\Delta_f H°/\text{kJ mol}^{-1} = 444$, 共鳴エネルギーは 293 kJ mol^{-1}

4.10 シクロブタンの推定値は -85 kJ mol^{-1}, シクロヘキサンの推定値は -128 kJ mol^{-1}, 現実のシクロブタンはより不安定で, 四員環における結合角に歪みの存在が考えられるが, 後者は測定値とほぼ一致し, 六員環には歪みはないと判断される.

4.11 $\Delta_{vap}H°/$kJ mol$^{-1}=40.9$

4.12 $\Delta_{fus}H/$J mol$^{-1} \fallingdotseq -4781+39.5T$, 凝固熱は -5613 J mol^{-1}

4.13 $\Delta H°/$kJ mol$^{-1}=178.3$, $\Delta H°_{1000}/$kJ mol$^{-1}=176.9$

4.14 $7R/2=29.1$ J K^{-1}mol^{-1}, CO(g), HCl(g), HBr(g), N$_2$(g) の値と完全に一致する.

第5章

5.1 6.5 J K^{-1} mol^{-1}

5.2 50.5 J K^{-1} mol^{-1}

5.3 110.0 J K^{-1} mol^{-1}

5.4 $R\ln(V_2/V_1)=R\ln(P_1/P_2)$ と書き改め, 圧力変化によるエントロピー変化を求める. $\Delta S°/$J K^{-1} mol$^{-1}=103.7$

5.5 $\Delta S°/$J K$^{-1}=160.4$

5.6 $\Delta C_P/$J K$^{-1}=-2.0$ を用いて, $\Delta S/$J K$^{-1}=158.0$

5.7 (a) 減少, (b) 増大, (c) 増大, (d) 減少, (e) 増大

第6章

6.1 $\Delta H°/$kJ$=-542.2$, $\Delta S°/$J K$^{-1}=14.1$, $\Delta G°/$kJ$=-546.4$, $\Delta_f G°/$kJ mol$^{-1}=-273.2$ ($\Delta n=0$ で, $\Delta S°$ は小さく, $\Delta H°$ と $\Delta G°$ の値は相互に近い)

6.2 $\Delta G°=-150.1$ kJ

6.3 与えられた反応の $\Delta G°$ は -22.2 kJ

6.4 CO(g) の $\Delta_f G°=-137.2$ kJ mol^{-1} よりも, CO$_2$(g) の $\Delta_f G°/2=-197.2$ kJ mol^{-1} の方が大きな負の値である.

6.5 $\Delta G \fallingdotseq 30.9-93.2\times10^{-3}T$, $T_b=332$ K

6.6 $\Delta G \fallingdotseq 464.8-0.2077T$, $T>2238$ K であれば ΔG は負

6.7 $\Delta G \fallingdotseq 131.3-0.1338T$, $T>981$ K であれば ΔG は負

6.8 CaCO$_3$ は安定, $\Delta G°_{1000}/$kJ mol$^{-1}\fallingdotseq 18.8$

6.9 1119 K

6.10 $\Delta n=-1$ で, -0.033 kJ と無視できるほど小さい.

6.11 214 mmHg

6.12 373 K から T K への温度変化による $\Delta G/$J mol$^{-1}\fallingdotseq -109.0T+40660$, 圧力変化による ΔG は $RT\ln(0.7)=-3.0T$, 両者の和が0であるためには, $T/$K$\fallingdotseq 363$

第7章

7.1 (a) $[NOCl]^2/[NO]^2[Cl_2]=K$, (b) $[PH_3]^4/[P_4][H_2]^6=K$, (c) $[NO]^4[H_2O]^6/[NH_3]^4[O_2]^5=K$

7.2 $-22.8\,\text{kJ mol}^{-1}$

7.3 $\Delta G°/\text{kJ}=51.3$, $K_P/\text{atm}^{-1/2}=1.02\times10^{-9}$

7.4 $K_x=4\alpha^2/(1-\alpha^2)$, $K_P=4\alpha^2P/(1-\alpha^2)$, $K_x\fallingdotseq4\alpha^2$, $K_P\fallingdotseq4\alpha^2P$

7.5 $\Delta G°_{600}/\text{kJ}=45.0$, $\Delta H°/\text{kJ}=76.0$, $\Delta S°_{600}/\text{J K}^{-1}=51.7$

7.6 $\Delta G°_{556}/\text{kJ}=47.3$, $K=3.60\times10^{-5}$, α は 1 atm で 3.00×10^{-3}, 0.01 atm で 0.0300

7.7 $K_x=16\alpha^2(2-\alpha)^2/27(1-\alpha)^4$

7.8 $K=0.431$, $\Delta G°/\text{kJ}=3.31$ (例題 7.5 で得た値よりもやや大きい)

7.9 54.7 kJ (付表の値からは 57.2 kJ となる)

7.10 $\Delta G°=-RT\ln P_{CO_2}$ で, 式 (7.6) と比較すると $K_P=P_{CO_2}$

7.11 (a) 増加, (b) 増加, (c) 減少, (d) 変化なし (分圧に変化なし)

7.12 (a) 減少, (b) 増加, (c) 変化なし

第8章

8.1 $1.63\times10^3\,\text{kPa}$

8.2 94.1 kPa (実測値は 94.3 kPa), 蒸気圧と絶対温度の関係は, 直線からは程遠いので, クラペイロンの式は温度差がごく狭いときにしか利用できない.

8.3 $T_b/\text{K}=332$ (実測値は 331.7 K)

8.4 $\Delta_{sub}H/\text{kJ mol}^{-1}=61.1$, $\Delta_{vap}H/\text{kJ mol}^{-1}=44.8$, $\Delta_{fus}H/\text{kJ mol}^{-1}=16.3$

8.5 省略

8.6 $T=195.8\,\text{K}$, $P=1448\,\text{Pa}$

8.7 $Z_c=0.308$ (表 8.1 の気体の中での最高値である)

8.8 $T_B/\text{K}=523$

8.9 $P/\text{atm}=23.87$ (理想気体ならば 24.45 atm)

8.10 $P/\text{atm}=8.09$, 圧力比は 2.95 で 3 とは明らかに異なる.

8.11 式 (8.12) の両辺を RT で割ると, 1 atm ならば $Z=0.999$, 10 atm ならば $Z=0.990$, 100 atm ならば $Z=0.903$

第9章

9.1 $M/\text{g mol}^{-1}=43.5$

9.2 $x_1=0.651$, $x_g=0.798$

9.3 $x_A(n_l+n_g)=x_{A,l}n_l+x_{A,g}n_g$ であるから, $n_l/n_g=(x_{A,g}-x_A)/(x_A-x_{A,l})=\text{BC}/\text{AC}$

9.4 $M/\text{g mol}^{-1}=258$ (S_8 分子を形成)

9.5 $M/\text{g mol}^{-1} = 122$（二量体を形成）
9.6 $0.841 : 0.437$
9.7 0.0024 K
9.8 c_{II}^2/c_I を求めると，81.2 ないし 87.8 でほぼ一定となる．
9.9 $K = 0.00143$
9.10 $m'/\text{mol} = m/(1+K)$, $m_1'/\text{mol} = m/(1+K/2)$, $m_2'/\text{mol} = m/(1+K/2)^2$, $K=10$ を仮定すると $m'/m_2' = 36/11$
9.11 $M/\text{g mol}^{-1} = 311$

第 10 章

10.1 $i = 2.63$
10.2 $\Delta H°/\text{kJ mol}^{-1} = 3.9$
10.3 $\Delta_{\text{hyd}} H°/\text{kJ mol}^{-1} = -2311$
10.4 $\Delta_{\text{L}} H°/\text{kJ mol}^{-1} = 900$
10.5 $\Delta H°/\text{kJ mol}^{-1} = 882$
10.6 $\Delta H°/\text{kJ mol}^{-1} = -46.4$
10.7 $\Delta_f H°(\text{Cl}^-(\text{aq}))/\text{kJ mol}^{-1} = -167.2$, $\Delta_f H°(\text{Ca}^{2+}(\text{aq}))/\text{kJ mol}^{-1} = -542.7$
10.8 $\Lambda^\infty(\text{CH}_3\text{COOH})/10^{-4} \times \text{S m}^2\text{ mol}^{-1} = 372$
10.9 $\Lambda^\infty(\text{HCOONa})/10^{-4} \times \text{S m}^2 \text{ mol}^{-1} = 100.7$, $\Lambda^\infty(\text{HCOOH})/10^{-4} \times \text{S m}^2 \text{ mol}^{-1} = 386$
10.10 $K = 1.83$ ないし 1.95×10^{-4}
10.11 (a) 1.84, (b) 1.77, (c) 1.76

第 11 章

11.1 $\Delta G°/\text{kJ} = -8.80$, $\Delta S°/\text{J K}^{-1} = 64.5$, $\Delta H°/\text{kJ} = 10.4$
11.2 $E°/\text{V} = 0.0736$
11.3 (a) 1.160 V, (b) 1.219 V
11.4 $K = 2.94 \times 10^{11}$
11.5 $K = 1.77 \times 10^{37}$
11.6 $K = 4.42 \times 10^7$
11.7 $\Delta H°/\text{kJ} = 3.9$, $\Delta G°/\text{kJ} = -8.9$, $\Delta S°/\text{J K}^{-1} = 43.0$, $S°(\text{Na}^+_{\text{aq}})/\text{J K}^{-1} \text{mol}^{-1} = 59$
11.8 $\Delta G°/\text{kJ mol}^{-1} = 91.7$, $K_{\text{sp}} = 8.4 \times 10^{-17}$
11.9 $\Delta G°/\text{kJ mol}^{-1} = 23.7$, $K_{\text{sp}} = 7.0 \times 10^{-5}$, $s/\text{mol dm}^{-3} = 0.0084$（この値は測定値のほぼ半分である）
11.10 $\Delta S°/\text{J K}^{-1} \text{mol}^{-1} = -139.8$, 以下，式 (6.15) と式 (11.7) を用いよ．

参 考 書

1) B. H. Mahan（千原秀昭・崎山 稔訳）:「やさしい化学熱力学」, 化学同人 (1966), 155 頁.
   化学熱力学の入門書として, 理想気体, 理想溶液を対象にして, 基本的な概念, 特にエントロピーがていねいに紹介され, 応用面にも配慮がなされている.

　以下は熱力学または化学熱力学の教科書である. 基本的な概念がより詳しく説明されているとともに, 本書では対象外におかれた化学ポテンシャル, 活量, 活量係数の概念が導入され, その多くでは熱力学関数の偏導関数も全面的に取り入れた扱いがなされている.

2) D. H. Everett（玉虫伶太・佐藤 弦訳）:「入門化学熱力学」, 東京化学同人 (1962), 264 頁.
   グラフによる化学平衡の表現の章が設けられている. 熱力学の有用性を強調するため, その物理学的・機械工学的な意味や基本概念の論理的展開は本の終わりにおいてある.

3) G. Hargreves（清水 博・荒田洋治訳）:「基礎化学熱力学」, 東京化学同人 (1963), 144 頁.
   熱力学関数の説明を主体とする.

4) R. P. Bauman（荻野一善・久保健二訳）:「熱力学序説」, 東京化学同人 (1968), 134 頁.
   化学熱力学への入門書で, 現代化学の基礎シリーズの一冊.

5) 押田勇雄・藤城敏幸:「熱力学」, 裳華房 (1970), 186 頁.
   基礎物理学選書の一冊で, 熱と分子運動, 熱力学の第一法則, 第二法則までが詳しく説明されている.

6) 原田義也:「化学熱力学」, 裳華房 (1984), 270 頁.
   基本原理の解説と熱力学的データから反応の平衡定数を計算することに重点をおいている.

7) 渡辺 啓:「化学熱力学」, サイエンス社 (1987), 171 頁.
   化学への応用を目的とした熱力学の解説で, 式の誘導に配慮してある.

8) 渡辺 啓:「演習化学熱力学」, サイエンス社 (1989), 226 頁.
   同じ著者による「化学熱力学」に対する演習書で, 化学への応用に重点がおかれて

いる.
  9) 佐野瑞香著:「化学熱力学」,裳華房 (1989), 160 頁.
  基礎化学選書の一冊で,具体的に物質に適用する例題を多数設けて解説している.
 10) 妹尾 学:「物理化学 II―化学熱力学・統計力学―」,朝倉書店 (1989), 182 頁.
  題名が示すように,熱力学の分子論的基礎である統計力学を含む.また,外力場の影響,界面相,非平衡状態の話題も取り上げられている.
 11) E. B. Smith (小林 宏・岩橋槇夫訳):「基礎化学熱力学」,化学同人 (1992), 240 頁.
  厳密さよりは明解さを取り,方程式の数学的誘導を避けて,式には番号を付けていない.熱力学の分子論的基礎を述べた章がある.
 12) 中村義男:「化学熱力学の基礎」,三共出版 (1995), 168 頁.
  理論的体系と応用の範囲の広さへの案内を試みている.
 13) 渡辺 啓:「エントロピーから化学ポテンシャルまで」,裳華房 (1997), 145 頁.
  化学サポートシリーズの一冊で,題名が示すとおり,エントロピーの解説を主体とする.

  化学熱力学全般ではなく,特定の話題を詳しく説明したものとして,次の成書がある.
 14) 松永義夫:「化学ワンポイント 14 化学反応式」,共立出版 (1985), 120 頁.
  化学方程式の係数の付け方と熱化学方程式の解説を主体とする.
 15) 西川 勝:「化学ワンポイント 4 気体分子運動論」,共立出版 (1983), 133 頁.
  気体の状態と気体分子運動論の解説を主体とする.
 16) 吉岡甲子郎:「化学ワンポイント 6 相律と状態図」,共立出版 (1984), 97 頁.
  一成分系,二成分系,三成分系の相平衡の解説を主体とする.
 17) 玉虫伶太:「化学ワンポイント 1 活量とは何か」,共立出版 (1983), 96 頁.
  実在の系の性質が理想性からのずれるのを補正する物理量として活量を導入して,その解説を主体としたもの.
 18) D. A. Johnson (玉虫伶太・橋谷卓成訳):「無機化学,その熱力学的な取り扱い」,培風館 (1970), 249 頁.
  熱力学的な諸量が物質の安定性や反応性,構造,結合性の説明にどのように役立つかを解説したもの.

索　引

ア行

圧縮因子　20, 91
アボガドロ　1
　——の法則　1, 18
アボガドロ定数　2
アレニウス　114, 123, 125

イオン化エネルギー　128
イオン化傾向　128
イオン独立移動の法則　122, 124
イオンの標準生成エンタルピー　120, 137
イオンの標準生成ギブズエネルギー　136
陰イオン　113

液相線　104
液体　5, 97
SI 単位　8
エネルギー等分配則　18
エネルギーの保存の原理　30
塩橋　131
エンタルピー　31
エントロピー　48

オストワルト　123

カ行

外界　26
海水の淡水化　109
解離度　68, 73
化学式　2
化学親和力　64
化学反応　3
化学平衡　66
化学方程式　3
化学量論　4
化学量論係数　3, 36, 71
可逆的　27
可逆反応　66

希釈度　121
希釈熱　118
気相線　104
気体　5
　——の液化　90
　——の混合　50
　——の溶解度　105
気体定数　14
気体分子運動論　14
起電力　131, 133
ギブズエネルギー　58, 70, 132
逆浸透　109
逆反応　66
吸熱反応　22
凝固点　101
凝固点降下　101
凝固点降下定数　101
凝縮相　85
強電解質　113, 121
共鳴エネルギー　41
極限モル伝導度　121
キルヒホッフの式　42, 86

クラペイロン-クラウジウスの式　85
クラペイロンの式　84
グルドベルグ　68

系　26
結合エネルギー　38
ゲーリュサック　1
ケルビン　12
原子　1
原子化熱　38

格子エネルギー　116
固体　5
固体電解質　125
互変的　89
孤立系　26, 48
コールラウシュ　121
混合気体　19, 76
混合のエントロピー変化　51
混合物　5
根平均二乗速度　17

サ行

サイクル　31
三重点　87, 101
残余エントロピー　52

示強性　28
式量　3
仕事　27
実験式　2
実在気体　20, 90
質量作用の法則　68
質量モル濃度　6, 99
自発変化　47
弱電解質　113, 123
シャルル　11
　——の法則　12

自由度　88
準安定　90
準静的変化　27
昇華　84
蒸気圧　85
蒸気圧降下　97
状態図　87
状態方程式　14, 92
状態量　27
蒸発　84
蒸発熱　23
示量性　28
浸透　109
浸透圧　109

水溶液　5, 113, 136
水和　116
水和熱　116

正極　133
生成熱　23
生成物　3
正反応　66
絶対温度　12
全圧　19

相　84
相対分子質量　3
相転移　84
総熱量保存の法則　24
速度定数　67

タ 行

多形　89
ダニエル電池　130
単位　7
単変的　89

抽出　108
中和熱　119
超臨界溶媒　91

定圧熱容量　53
定圧モル熱容量　43
定積モル熱容量　43

転移熱　53
電解質　113
電極　130
電池　130
電離　113
電離定数　114
電離度　113, 123
電離平衡　113

等温線　11, 90
閉じた系　26
ドルトンの分圧の法則　19

ナ 行

内部エネルギー　30

熱　27
熱化学方程式　23
熱力学の第一法則　30
熱力学の第三法則　52, 61
熱力学の第二法則　48, 57
ネルンスト　52, 108
　　　　──の式　133
燃焼熱　36

ハ 行

発熱反応　22
ハーバー　78
半電池　130
半透膜　109
反応進行度　74
反応熱　22, 36, 40
反応物　3

非SI単位　8
標準圧力　71
標準エントロピー　53, 137
標準ギブズエネルギー　71
標準水素電極　134
標準生成エンタルピー　35, 40
標準生成ギブズエネルギー　59, 136
標準電極電位　135
標準平衡定数　72
開いた系　26

ファラデー定数　132
ファンデルワールス　94
　　　　──の式　93
ファントホッフ　79, 109
ファントホッフ係数　124
不可逆的　27
負極　133
復水　88
物質の三態　83
物質量　2
沸点　87, 99
沸点上昇　99
沸点上昇定数　99
物理量　7
プランク　52
分圧　19, 69, 70
分子　1
分子式　2
分子量　3
分配の法則　108

平均二乗速度　16
平衡移動の法則　77
平衡状態　27
平衡定数　68
　　　　──と圧力の関係　80
　　　　──と温度の関係　77
ヘス　24, 118, 119
　　　　──の法則　24
ベックマン　79, 101
ペッファー　109
ヘンリー　106
　　　　──の法則　106

ボイル　10
　　　　──の法則　10
ボイル温度　93
ボイル-シャルルの法則　13
ボーゲ　68
ボーデンシュタイン　67
ボルツマン定数　17

マ 行

モル　2

モル質量　3, 97, 103
モル体積　91
モル伝導度　121
モル濃度　5, 67
モル分率　6, 73, 98

ヤ 行

融解　84
融点　87

陽イオン　113
溶液　5, 97
溶解　5
溶解度　6, 105
溶解度積　138
溶解熱　115
溶質　5, 97
溶媒　5, 97

ラ 行

ラウール　97
　──の法則　98
乱雑さの目安　54

理想気体　14
　──の等温膨張　44
理想溶液　103, 115
リチウム電池　131
臨界圧力　91
臨界温度　91
臨界体積　91
臨界定数　91
臨界点　88, 91

ルシャトリエの原理　77

錬金術　129

著者略歴

松永義夫（まつなが・よしお）

1929年　岐阜県に生まれる
1952年　東京大学理学部化学科卒業
1966年　北海道大学理学部教授
現　在　北海道大学名誉教授
　　　　理学博士
主な著書　『物性化学』（裳華房）
　　　　　『現代の物理化学』（三共出版）

ベーシック化学シリーズ 3
入門化学熱力学　　　　　　　定価はカバーに表示

2001年 9月20日　初版第 1 刷
2021年 3月25日　　　第18 刷

著　者　松　永　義　夫
発行者　朝　倉　誠　造
発行所　株式会社　朝　倉　書　店

東京都新宿区新小川町 6-29
郵便番号　162-8707
電　話　03（3260）0141
Ｆ ＡＸ　03（3260）0180
http://www.asakura.co.jp

〈検印省略〉

Ⓒ 2001 〈無断複写・転載を禁ず〉　　Printed in Korea

ISBN 978-4-254-14623-3　C 3343

JCOPY ＜(社)出版者著作権管理機構 委託出版物＞

本書の無断複写は著作権法上での例外を除き禁じられています．複写される場合は，
そのつど事前に，(社)出版者著作権管理機構（電話03-3513-6969，FAX 03-3513-
6979，e-mail: info@jcopy.or.jp）の許諾を得てください．

幸本重男・加藤明良・唐津 孝・小中原猛雄・杉山邦夫・長谷川正著 基本化学シリーズ2	有機化合物の構造解析を1年で習得できるようわかりやすく解説した教科書。〔内容〕紫外-可視分光法／赤外分光法／プロトン核磁気共鳴分光法／炭素13核磁気共鳴分光法／二次元核磁気共鳴分光法／質量分析法／X線結晶解析
構 造 解 析 学 14572-4 C3343　　　　A5判 208頁 本体3400円	
成智聖司・中平隆幸・杉田和之・斎藤恭一・阿久津文彦・甘利武司著 基本化学シリーズ3	繊維や樹脂などの高分子も最近では新しい機能性材料として注目を集めている。材料分野で中心的役割を果たす高分子化学について理論から応用までを平易に記述。〔内容〕高分子とは／合成／反応／構造と物性／応用(光機能材料・医用材料等)
基 礎 高 分 子 化 学 14573-1 C3343　　　　A5判 200頁 本体3600円	
上野信雄・日野照純・石井菊次郎著 基本化学シリーズ5	固体のもつ性質を身近な物質や現象を例に大学1, 2年生に理解できるよう平易に解説した教科書。〔内容〕試料の精製・作製／同定と純度決定／固体の構造／結晶構造の解析／光学的性質／電気伝導／不純物半導体／超伝導／薄膜／相転移
固 体 物 性 入 門 14575-5 C3343　　　　A5判 148頁 本体2800円	
北村彰英・久下謙一・島津省吾・進藤洋一・大西 勲著 基本化学シリーズ6	物質を巨視的見地から考えることを主眼として構成した物理化学の入門書。〔内容〕物理化学とは／理想気体の性質／実在気体／熱力学第一法則／エントロピー, 熱力学第二, 三法則／自由エネルギー／相平衡／化学平衡／電気化学／反応速度
物 理 化 学 14576-2 C3343　　　　A5判 148頁 本体2900円	
小熊幸一・石田宏二・酒井忠雄・渋川雅美・二宮修治・山根 兵著 基本化学シリーズ7	化学の基本である分析化学について大学初年級を対象にわかりやすく解説した教科書。〔内容〕分析化学の基礎／容量分析／重量分析／液-液抽出／イオン交換／クロマトグラフィー／光分光法／電気化学的分析法／付表
基 礎 分 析 化 学 14577-9 C3343　　　　A5判 208頁 本体3800円	
菊池 修著 基本化学シリーズ8	量子化学を大学2年生レベルで理解できるよう分かりやすく解説した教科書。〔内容〕原子軌道／水素分子イオン／多電子系の波動関数／変分法と摂動法／分子軌道法／ヒュッケル分子軌道法／軌道の対称性と相関図／他
基 礎 量 子 化 学 14578-6 C3343　　　　A5判 152頁 本体3000円	
山本 忠・加藤明良・深田直昭・小中原猛雄・赤堀禎利・鹿島長次著 基本化学シリーズ10	有機合成を目指す2-3年生用テキスト。〔内容〕炭素鎖の形成／芳香族化合物の合成／官能基導入反応の化学／官能基の変換／有機金属化合物を利用する合成／炭素カチオンを経由する合成／非イオン性反応による合成／選択合成／レトロ合成／他
有 機 合 成 化 学 14580-9 C3343　　　　A5判 192頁 本体3500円	
佐々木義典・山村 博・掛川一幸・山口健太郎・五十嵐香著 基本化学シリーズ12	広範囲の学問領域にわたる結晶化学を図を多用し平易に解説。〔内容〕いろいろな結晶をながめる／結晶構造と対称性／X線を使って結晶を調べる／粉末X線回折の応用／結晶成長／格子欠陥／結晶に関する各種データとその利用法／付表
結 晶 化 学 入 門 14602-8 C3343　　　　A5判 192頁 本体3500円	
山本 宏・角替敏昭・滝沢靖臣・長谷川正・我謝孟俊・伊藤 孝・芥川允元著 基本化学シリーズ13	物質のミクロ・マクロな面を科学的に解説。〔内容〕小さな原子・分子から成り立つ物質(物質の構成；変化；水溶液とイオン；身の回りの物質)／有限な世界「地球」の物質(化学進化；地球を構成する物質；地球をめぐる物質；物質と地球環境)／他
物 質 科 学 入 門 14603-5 C3343　　　　A5判 148頁 本体3200円	
務台 潔著 基本化学シリーズ14	平易な有機化学の入門書。〔内容〕学習するにあたって／脂肪族飽和炭化水素／立体化学／不飽和炭化水素／芳香族炭化水素／ハロゲン置換炭化水素／アルコールとフェノール／エーテル／カルボニル化合物／アミン／カルボン酸／ニトロ化合物
新 有 機 化 学 概 論 14604-2 C3343　　　　A5判 224頁 本体3400円	

上記価格（税別）は 2021年 2月現在

付表　単体および化合物の標準生成エンタルピー $\Delta_f H°$，標準生成ギブズ

	$\Delta_f H°$/kJ mol^{-1}	$\Delta_f G°$/kJ mol^{-1}	$S°$/J K^{-1} mol^{-1}	$C_P°$/J K^{-1} mol^{-1}
Ag(s)	0	0	42.6	25.4
Ag$^+$(g)	1019.2	—	—	—
AgBr(s)	−100.4	−96.9	107.1	52.4
AgBr(aq)	−16.0	−26.9	155.2	−120.1
AgCl(s)	−127.1	−109.8	96.2	50.8
AgCl(aq)	−61.6	−54.1	129.3	−114.6
AgClO$_3$(s)	−30.3	64.5	142.0	50.8
AgI(s)	−61.8	−66.2	115.5	56.8
AgI(aq)	50.4	25.5	184.1	−120.5
Br$^-$(g)	−233.9	—	—	—
Br$_2$(l)	0	0	152.2	75.7
Br$_2$(g)	30.9	3.14	245.4	36.0
C(s)	0	0	5.74	8.5
C(g)	716.7	671.3	158.0	20.8
CH$_3$OH(l)	−238.7	−166.4	126.8	81.6
C$_2$H$_2$(g)	226.7	209.2	200.8	43.9
CH$_3$COOH(l)	−484.5	−389.9	159.8	124.3
CH$_3$COOCH$_3$(l)	−445.3	—	—	—
C$_6$H$_6$(l)	49.1	124.5	173.4	136.0
C$_6$H$_6$(g)	82.9	129.7	269.2	82.4
CO(g)	−110.5	−137.2	197.6	29.1
CO$_2$(g)	−393.5	−394.4	213.6	37.1
Ca(s)	0	0	41.4	25.3
Ca^{2+}(g)	1925.9	—	—	—
CaC$_2$(s)	−59.8	−64.9	67.0	62.7
CaCO$_3$(s)	−1206.9	−1128.8	92.9	81.9
CaCl$_2$(s)	−795.8	−748.1	104.6	72.6
CaCl$_2$(aq)	−877.1	−816.0	59.8	—
CaO(s)	−635.1	−604.0	39.7	42.8
Ca(OH)$_2$(s)	−986.1	−898.6	83.4	87.5
Ca(OH)$_2$(aq)	−1002.8	−868.1	−74.5	—
CaSO$_4$(s)	−1434.1	−1321.9	106.7	99.7
CaSO$_4$(aq)	−1452.1	−1298.2	−33.1	—
Cl(g)	121.7	105.7	165.1	21.8
Cl$^-$(g)	−246	—	—	—
Cl$_2$(g)	0	0	223.0	33.9
ClF(g)	−54.5	−55.9	217.8	32.0
ClO$_2$(g)	102.5	120.5	256.8	42.0
Cl$_2$O(g)	80.3	97.9	266.1	45.4
Cu(s)	0	0	33.1	24.4
CuO(s)	−157.3	−129.7	42.6	42.3
Cu$_2$O(s)	−168.6	−146.0	93.1	63.6
F(g)	79.0	61.9	158.6	22.7
F$^-$(g)	−270.7	—	—	—
F$_2$(g)	0	0	202.7	31.3
H(g)	218.0	203.3	114.6	20.8

エネルギー $\Delta_f G°$，標準エントロピー $S°$ と定圧モル熱容量 $C_P°$

	$\Delta_f H°$/kJ mol^{-1}	$\Delta_f G°$/kJ mol^{-1}	$S°$/J K^{-1} mol^{-1}	$C_P°$/J K^{-1} mol^{-1}
H$^+$(g)	1536.2	—	—	—
H$_2$(g)	0	0	130.6	28.8
HBr(g)	−36.4	−53.4	198.6	29.1
HBr(aq)	−121.5	−104.0	82.4	−141.8
HCOOH(l)	−424.7	−361.4	129.0	99.0
HCOONa(s)	−666.5	−600.0	103.8	82.7
HCl(g)	−92.3	−95.3	186.8	29.1
HCl(aq)	−167.2	−131.3	56.5	−136.4
HF(g)	−271.1	−273.2	173.7	29.1
HF(aq)	−332.6	−278.8	−13.8	−106.7
HI(g)	26.5	1.7	206.5	29.2
H$_2$O(l)	−285.8	−237.2	69.9	75.3
H$_2$O(g)	−241.8	−228.6	188.7	33.6
H$_2$O$_2$(l)	−187.8	−120.4	109.6	89.1
H$_2$SO$_4$(l)	−814.0	−690.1	156.9	138.9
H$_2$SO$_4$(aq)	−909.3	−744.6	20.1	−292.9
Hg(l)	0	0	76.0	28.0
HgCl$_2$(s)	−224.3	−178.7	146.0	—
Hg$_2$Cl$_2$(s)	−265.2	−210.8	192.5	—
HgO(s)	−90.8	−58.6	70.3	44.1
I$_2$(s)	0	0	116.1	54.4
I$_2$(g)	62.4	19.4	260.6	36.9
N(g)	472.7	455.6	153.2	20.8
N$_2$(g)	0	0	191.5	29.1
NH$_3$(g)	−46.1	−16.5	192.3	35.1
N$_2$H$_4$(g)	95.4	159.3	238.4	49.6
NH$_4$Cl(s)	−314.4	−203.0	94.6	84.1
NO(g)	90.2	86.6	210.7	29.8
NO$_2$(g)	33.2	51.3	240.0	37.2
N$_2$O$_4$(g)	9.2	97.8	304.2	77.3
Na(s)	0	0	51.2	28.2
Na(g)	107.3	76.8	153.6	20.8
Na$^+$(g)	609.0	—	—	—
NaCl(s)	−411.2	−384.2	72.1	50.5
NaCl(aq)	−407.3	−393.1	115.4	−90.0
NaOH(s)	−425.6	−379.5	64.5	59.5
NaOH(aq)	−470.1	−419.2	48.1	−102.1
Na$_2$SO$_4$(s)	−1387.1	−1270.2	149.6	128.2
Na$_2$SO$_4$(aq)	−1389.5	−1268.4	138.1	−200.8
Ni(s)	0	0	29.9	26.0
Ni(CO)$_4$(l)	633.0	−588.3	313.4	204.6
Ni(CO)$_4$(g)	−602.9	−587.3	410	145.2
O(g)	249.2	231.7	160.9	21.9
O$_2$(g)	0	0	205.0	29.4
S(s)	0	0	31.8	22.6
SO$_2$(g)	−296.8	−300.2	248.1	39.9